自己組織化する複雑ネットワーク

空間上の次世代ネットワークデザイン

林 幸雄 著

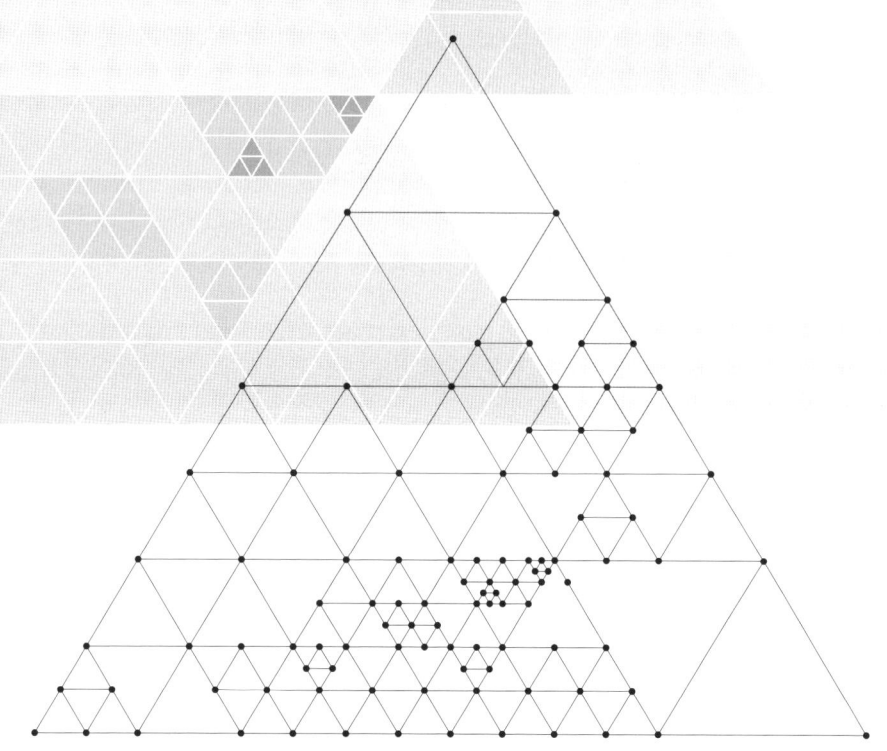

近代科学社

◆ 読者の皆さまへ ◆

小社の出版物をご愛読くださいまして，まことに有り難うございます．

おかげさまで，㈱近代科学社は1959年の創立以来，2009年をもって50周年を迎えることができました．これも，ひとえに皆さまの温かいご支援の賜物と存じ，衷心より御礼申し上げます．

この機に小社では，全出版物に対してUD（ユニバーサル・デザイン）を基本コンセプトに掲げ，そのユーザビリティ性の追究を徹底してまいる所存でおります．

本書を通じまして何かお気づきの事柄がございましたら，ぜひ以下の「お問合せ先」までご一報くださいますようお願いいたします．

お問合せ先：reader@kindaikagaku.co.jp

なお，本書の制作には，以下が各プロセスに関与いたしました：
・企画：小山 透
・編集：大塚 浩昭
・組版：TeX／加藤文明社
・印刷：加藤文明社
・製本：加藤文明社
・資材管理：加藤文明社
・カバー・表紙デザイン：tplot inc.

本書に記載されている会社名・製品名等は，一般に各社の登録商標または商標です．本文中の ⓒ，Ⓡ，™ 等の表示は省略しています．

・本書の複製権・翻訳権・譲渡権は株式会社近代科学社が保有します．
・JCOPY 〈(社)出版者著作権管理機構委託出版物〉
本書の無断複写は著作権法上での例外を除き禁じられています．
複写される場合は，そのつど事前に(社)出版者著作権管理機構
(電話 03-3513-6969，FAX03-3513-6979，e-mail: info@jcopy.or.jp)の
許諾を得てください．

はじめに

　2011年（平成23年）3月11日（金）日本時間14時46分18秒，プレート境界型の東北地方太平洋沖地震とそれに伴って発生した巨大津波，その後の余震により，未曾有の大規模地震災害が発生した．さらに福島原子力発電所では津波によって冷却システムが機能不全に陥り，炉心溶融（メルトダウン）や水素爆発が発生，何とか応急処置はなされたものの今もなお放射能汚染水が漏れる事態が断続的に続いている．
　折しも著者は，この東日本大震災の最中に震源地からさほど離れていない山形県蔵王に居て，ネットワーク科学（複雑ネットワーク科学とも呼ばれる）の研究会を開催していた．地割れが起きそうなほどの大地の激しい揺れに尋常でない地震だと感じたものの，山の岩盤に守られ蔵王付近は停電程度で収まった．しかし，夜の帳が深まるにつれて，ホテルのロビーに集まった人々と倒壊に脅え，休み時間に山頂（夜間は凍死の恐れもある）に出かけた行方不明の参加者の安否にも不安がよぎり，ホテルの水や食糧も尽きて，このまま数日は帰れないかも知れないと感じた．翌朝になって，津波による近隣各地の大惨事を新聞紙面で知り事態の深刻さに衝撃が走った．停電や回線不通のみならず，道路や鉄道の分断，ガソリンスタンド等への長蛇列，移動可能な手段やルート情報の有用性などを目の当たりにして，社会インフラが破壊された際の異常さと，出来る限りの状況把握による行動選択の重要さを改めて認識した．
　ところで，電力，通信，物流，株取引など，我々の身の周りにはネットワークがあふれている．ただ，それらがどんな形状をしていて，どういう特徴を持っているのか，人類がそれらを知り得たのは（意外かも知れないが）ほんの十年ほど前である．従来のグラフ理論等では説明できない，効率的だが脆弱性をも合わせ持つ現実の多くのネットワークは，ちょうど西回り航路の開拓が米大陸を発見したのに似てるのかも知れない．この十数年の複雑ネットワーク科学の研

究により，平常時における現実のネットワークの姿や構築原理はかなり解明されてきた．インターネット，知人関係，食物連鎖などのネットワークに全体の設計図は存在せず，異なる対象に共通したネットワーク構造が現れるのは，どうやら個々の要素が有利な相手と利己的につながろうと選択するためと考えられるが，全くランダムな選択の積み重ねでも出現しうる．一方，災害時におけるネットワークをどう構築すべきかについては，ほとんど手付かずと言える．おそらく，近未来の社会システムに適した，全く新しいデザイン原理が求められるであろう．

本書では，時々刻々かつ場所ごとに状況が変化して全体を統制することが困難な災害時等でも機能する，自律分散システムとしてのネットワークの構築法（デザイン原理）を探ることに焦点を当てる．特に，空間上のネットワークとして，人口密度に対応するなど疎密部分が混在して非一様なノード配置や長距離リンクの抑制が創発するネットワーク構築法の研究動向を紹介する．さらに，既存の和洋書の切口にはない，現状の屋台骨と考えられるネットワーク自己組織化の原理として，利己的な優先的選択の強弱，リンクの淘汰，再帰的分割，部分構造のコピーに着目する．本書の構成として，互いに関連性はあるものの，各章を独立して読めるよう工夫しつつ，論文等では省略される数式の道筋を丁寧に記述した．ネットワーク科学から少し逸れた，組織論，都市計画，生物行動などに関連する話題にも触れている．図を多めに取り入れて「ここに注目！」欄や「章末コラム」を設け，視覚的にも魅力的で読みやすくなるよう努めた．

数式で表現された理論が全てを解決できるわけではないにしろ，何らかの科学的根拠を明らかにすることは，複雑に関連し合う社会システムとしてのネットワークの今後のあり方を考える上で極めて重要となる．勘や経験だけで試行錯誤を繰り返しても埒があかないのは明らかであろう．数式が分からない，あるいは読んでる時間がない（社会人や異分野の）読者も，そこから導かれる結果を社会システムの文脈から考え，それらを活用することが強く求められる．さらに，数理的な解析手法やモデル化のポイントが掴めれば，他への応用も可能となる．もちろん，ひとりの人間があらゆる事を全て理解するのは不可能で，英知の集結と分業を行えば互いに補え合えばよいのかも知れない．ただ，ビジネスに売上高等の数字が不可欠なら，科学技術に基づく文明社会で生きていく

上で，数量的な分析や解析（が示す意味を理解する事）はもはや避けて通れないのではないか．こうした点からも，本書が広い分野の多くの読者に何がしか役立つことを期待してやまない．ネットワーク科学は今後さらに発展すべき分野であり，本書にまとめた内容がその出発点になれば幸いである．

　謝辞：本書の執筆にあたって，松下貢（元：中央大学／現：明治大学）氏と今野紀雄（横浜国立大学）氏にはいくつか有益なご示唆を頂いた．感謝申し上げる．

平成 26 年 1 月
林　幸雄

目 次

第1章 ネットワーク科学の意義　1
- 1.1 ネットワークってどんなもの？ 1
- 1.2 社会的関係，電力網，宅配便，地下鉄もネットワーク 2
- 1.3 連鎖被害と社会インフラとしてのネットワーク 6
- 1.4 現実のネットワークにおける共通性 10
- 1.5 自律分散と自己組織化を理解しておこう 14
    - 1.5.1 分散システム 15
    - 1.5.2 分権型組織の強み 16
    - 1.5.3 自己組織化とは 18
- 1.6 複雑系の単純性 20
- 1.7 さまざまな読者のために　書籍による水先案内 22
- コラム1：自己組織化とは？ 24

第2章 基本は成長するネットワーク　27
- 2.1 金持ちはより金持ちになる法則 28
- 2.2 利己性の強弱でハブはどうなるの 30
    - 2.2.1 次数に比例する優先的選択：べき乗分布 31
    - 2.2.2 弱い利己性：指数的カットオフ付きべき乗分布 .. 32
    - 2.2.3 強い利己性：巨大ハブによる独占状態 33
    - 2.2.4 利己性がないとき：指数分布 34
- 2.3 指数と対数および微積分についての復習 35
- 2.4 最小次数と次数分布に基づく平均次数の近似 39
- 2.5 文献と，関連する話題 41
- コラム2：べき乗分布より対数正規分布が自然 42

第3章 空間上にネットワークを構築する　45
- 3.1 ランダム位置のノード間距離を考慮した構築法 47
  - 3.1.1 距離因子を付けた修正 BA モデル 47
  - 3.1.2 地理的制約下のネットワーク成長 48
- 3.2 幾何学的な構築法 50
  - 3.2.1 Random Appolonian (RA) 50
  - 3.2.2 Pseudofractal SF 52
- 3.3 最適化による構築法 52
  - 3.3.1 Optimal Traffic Tree (OTT) 54
  - 3.3.2 空間配置を含めた最適設計 55
- 3.4 粘菌のようなリンク淘汰による構築法 57
- 3.5 文献と，関連する話題 65
- コラム 3：Apollonius の円と和算における算額 67

第4章 面の分割を繰り返す自己組織化　69
- 4.1 Delaunay 風 SF ネットワーク 70
- 4.2 自己相似な分割に基づく MSQ ネットワーク 73
- 4.3 一般化 MSQ ネットワーク 76
  - 4.3.1 正方形から長方形に 76
  - 4.3.2 道路網に類似した面積分布の解析 78
  - 4.3.3 自然に埋め込まれたフラクタル的構造上の探索 86
- 4.4 文献と，関連する話題 92
- コラム 4：生物の餌探索における最適戦略 95

第5章 コピーして成長していく自己組織化　97
- 5.1 Duplication-Divergence (D-D) モデル 97
  - 5.1.1 次数分布の近似解析 98
  - 5.1.2 特異性の問題点 102
  - 5.1.3 優先的選択としての複写 104
- 5.2 より性質の良いコピーの仕方を考えよう 106
  - 5.2.1 新たな Copying モデル 106

		5.2.2 次数分布の解析と注意点	107
		5.2.3 壺モデルで分類整理	111
	5.3	文献と，関連する話題	118
	コラム 5：考古学におけるコピー進化	121

第6章 ビッグデータへの対処　　125

6.1	中心人物（ノード）は誰だ	126
6.2	大規模ネットにおける媒介中心性の求め方	127
	6.2.1 媒介中心性の近似計算法	128
	6.2.2 範囲の推定	134
	6.2.3 最短距離の経路等への拡張	136
6.3	ルーティング中心性への拡張	139
6.4	シミュレーションにおける確率計算の工夫	140
6.5	文献と，関連する話題	143
コラム 6：最短木で根を交代しても駄目なんです	146

参考文献　　148

索引　　163

第1章
ネットワーク科学の意義

　本章は導入部として，ネットワークとは何か？について例を挙げながら概説する．特に，昨今の地震や豪雨等による大規模災害に対して，我々の身近に存在するネットワークが非常に脆弱である点を強調しておきたい．また「ネットワーク」や「複雑系」に関連した他書ではほとんど扱われてない，自律分散システムと自己組織化の特徴や要求項目についても手短に説明する．さらに，本書を読み進んでいく前の水先案内として，関連書籍についても予め紹介しておく．

§ 1.1
ネットワークってどんなもの？

　ネットワークは，ノードと呼ばれる「点」と，リンクと呼ばれる「線」で定義され，いつかの点同士が線でつながった構成物をさす．人間関係のネットワークではノードは人でリンクは知り合いであるとか仕事仲間であるとかの社会的つながりで表現される．業界地図 [1, 2] と呼ばれる業種ごとの企業間のつながりもネットワークである．企業がノードで，出資や子会社の関係がリンクで表される．例えば製粉・小麦粉二次加工の業界では，日清製粉グループ本社が日清製粉，日清フーズ，マ・マーマカロニを子会社に，山崎製パンと相互出資，フジパングループ本社に出資する関係にある．また，山崎製パンは日糧製パンと資本・業務提携，フジパングループ本社はフジパンを子会社にしている．一方，日本製粉はオーマイを子会社に，フジパングループ本社と第一屋製パンに出資する関係にある．ネットワークには，ノードやリンクが目に見えないことや，(昨日の取引相手とは今日から無関係になった等) 時間的に変化する場合も含むが，

ある時刻や時間間隔で概念的に存在する対象をさすものとする．こうして本を読んで理解したり，頁を手でめくったりするとき，我々の脳や筋肉に神経を介して電気信号を送っているのもネットワークである．

グラフ理論では，頂点集合 $V = \{1, 2, \ldots, i, j, \ldots, N\}$ とノード i-j 間の辺集合 $E = \{e_{ij}\}$ を用いて，グラフは (V, E) と表記される．一般に，「グラフ」は点のつながり方（トポロジー）を議論する場合に,「ネットワーク」はその上を何かが流れる場合を想定した網目の意味で用いられる場合が多いようである．ここで，N 個の各ノードは番号付けだけでなく，$a, b, c, \ldots, u, v, \ldots$ など区別できる識別子（名前）を持てばよい．リンクに関しても同様に区別さえできれば名前の付け方は自由で，ただし，つながっていないノード間には対応する辺集合中の要素は存在しないものとする．また，無限個のノードなら無限グラフ，有限個のノードなら有限グラフ，i から j へ一方通行であるような辺の方向性がある場合は有向グラフ，方向性がない場合は無向グラフと呼ばれる．本書では特に断らない限り，有限な無向グラフを考える．

§1.2
社会的関係，電力網，宅配便，地下鉄もネットワーク

ノードの集合とそのノード間をつなぐリンクの集合でネットワークが規定されるとして，概念的には理解できる（概略図を描ける）と思うが，具体的にはどんな対象物が思い浮かぶのであろう？

社会的関係の例として図 1.1 は，本書に引用した文献における共著者関係のネットワークを示す．ただし，図が煩雑になるのを避けるため，二人以下で孤立する場合は省いた．名前でラベル付けされた各ノードが人を表し，論文に名前を連ねる共著者であればリンクでつなげている．主に 2000 年以降の論文等が対象となっているが，そこに登場する著者の全ての著作を網羅しているわけではなく，それらを含めるとつながりはさらに密になるだろう．数人程度で孤立したクラスター（島領域）部分が連結するかも知れない．図 1.1 では，中央付近の一番大きな密につながったクラスターに属する人々が本書に関連するネッ

1.2 社会的関係，電力網，宅配便，地下鉄もネットワーク

トワーク科学で活躍している主要な研究者と解釈できよう．

技術インフラとしての人工物のネットワーク例として図 1.2 (a) は，発電所と変電所を表すノードとそれらを結ぶ送電線のリンクで構成される電力系統を示す．もし需要量が近くの発電所からの電力量のみで足りない場合は，別の発電所や変電所からの供給に頼ることになっている．ただし図では変電所から配電線や電柱を経て各家庭等に届ける部分は省略して描いていない．

図 1.2 (b) は，宅配便の物流ネットワークの階層的な集配システムを示す．北海道-東北-関東-・・・-九州といった各ブロックの支店を表す 11 個の親ノードと，それらが管轄する主管支店あるいは物流システム営業所を表す 69 個の子ノードの関係を直線で結んでいる．実際は，高速道路あるいは国道や県道等を通るトラックの輸送路がそれらのノード間のリンクに相当する．ただし図では高速道路等で結ばれた支店間のリンクや，各主管支店が管轄する 100 個規模のより下位の集配センターのノードは省略して描いていない．

図 1.2 (c) は，首都圏の地下鉄路線のつながりを示す．ノードは駅，リンクは駅間をつなぐ線路に対応する．銀座線や日比谷線など 1 つの駅から複数路線に乗り換え可能な場合にノードから複数のリンクが出ている．

このように，いくつかのノードとそれらをつなぐリンクでネットワークは構成される．しかしながら，本書で扱うネットワーク科学の分野では，それらがコンクリートでできているのか，金属なのかアスファルトなのか，といった構成要素の物質的な性質には拘らずに，「**それらの要素がどのようにつながっているか**」に着目する．こうしたつながり具合いのうち，全くデタラメでわけが分からないものではなく，何らかの特徴を持つものをネットワーク構造と呼ぶ．

第1章 ネットワーク科学の意義

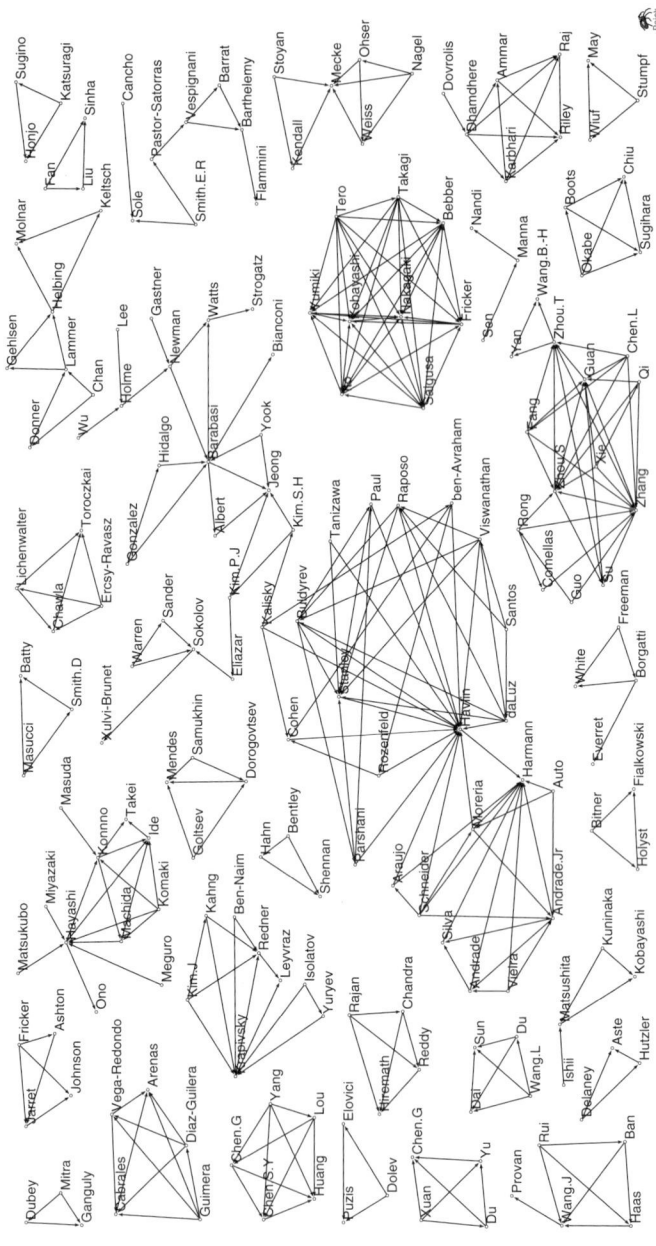

図 1.1 本書の参考文献に現れる共著者関係のネットワーク.

1.2 社会的関係，電力網，宅配便，地下鉄もネットワーク 5

(a) 電力網 (b) 宅配便の輸送網

(c) 首都圏の地下鉄網

図 1.2 ネットワークの例． ((a) は Wikipedia より，(b) はヤマト運輸（株）の
ホームページの住所から緯度経度を算出して図示，(c) は東京メトロのホー
ムページより)

§1.3
連鎖被害と社会インフラとしてのネットワーク

今日，経済取引，人の移動や物資の輸送，電気・ガス・水の供給，携帯電話やPCでの情報通信，それらを制御するコンピュータ網は，お互い密接に関わっている．

―― ここに注目！ ――
これらは全て**相互に関連・依存したネットワーク**であり，日々の社会生活の維持と技術インフラの役割はもはや切り放して議論できない．

例えば，地震や落雷あるいは（テロなどによる）意図的な攻撃等によってある箇所に停電が起こると連鎖的系統遮断を伴いながら停電が広がり，株や証券の取引はストップ，鉄道や飛行機は機能停止，信号も消え道路が混乱渋滞，物資供給が途絶えて生産活動や生活も困窮，今何が起きているかを知るための通信もできず，さらに別の場所にある発電所や変電所の制御システムがダウンすることで，被害はさらに拡大していく．

このような連鎖的被害はカスケード故障と呼ばれ，ノードやリンクの処理量が許容範囲を超える事が次々と起こって別の箇所に被害を広げる引金となるのが問題の本質にある．道路の渋滞で，皆が迂回路を使うと別の箇所が渋滞して事態が悪化するのと同じである．しかしながら，しきい値動作であるために理論解析が困難で，しかも，電力やインターネットだけの単一のネットワークの問題ではなく，現実には相互に影響して被害が拡大する点でより深刻な問題をはらんでいる．近年，脆弱性を持つネットワークの相互依存問題を議論する国際研究集会が開催され，経済，情報工学，物理など異なる分野の研究者が協調して取り組むべき課題として認識されている [3]．著名な学術雑誌の特集号でも，**我々を取り巻く複雑なネットワークシステムが抱える深刻な問題とその解決の重要性**が提起され，欧州などでは多額の研究投資が明言されている [4]．

1.3 連鎖被害と社会インフラとしてのネットワーク

こうした背景の1つとして，大規模な災害がもはや絵空ごとではなく，実際にしかも頻繁に起きていることが挙げられる．例えば，2003年8月の北米東部大停電がある．きっかけは樹木接触による送電線の分断と考えられているが，そんな些細な出来事からは想像できない広範囲な被害が発生した．図 1.3 や以下の引用 [5] からも，その様子がうかがえる．

> 2003年9月14日（日本時間15日早朝）午後4時過ぎ，アメリカ北西部からカナダにかけた東部一帯に大規模（6000万キロワット[1]）停電が発生した．[中略] 停電から29時間後の現地時間15日夜（日本時間16日午後），ニューヨークの電力はすべて回復したが，停電から36時間，一日460万人が利用するといわれる地下鉄は動かず，道路や交通機関は大混乱となり，ビジネスマンたちの中にはオフィスやタイムズスクエアなど野外で一夜を明かす人もいた．

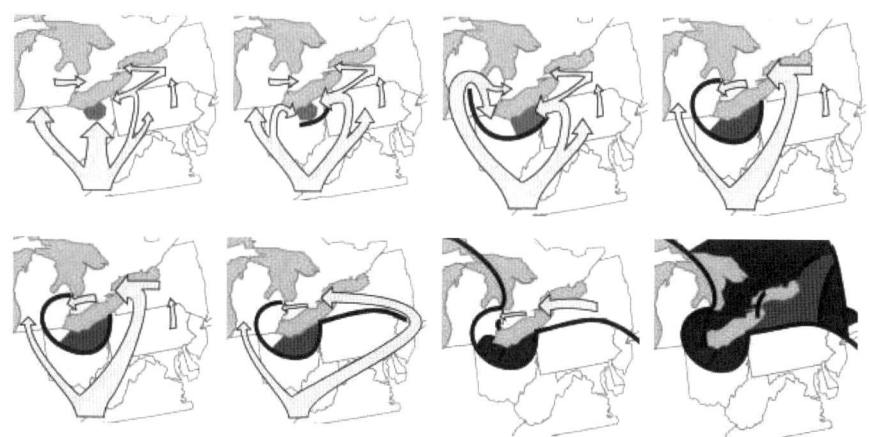

図 1.3 五大湖周辺の北米東部大停電の推移．上段の右から左に時刻 16:06, 16:08:57, 16:10:37, 16:10:38, 下段の右から左に時刻 16:10:39, 16:10:44, 16:10:45, 16:13 における黒の停電領域の広がりを表す．([6] より)

同 2003年9月にはイタリアでも大規模停電が起こり，通信網も巻き込んだ相互依存的な被害が発生した．すなわち，ある箇所の停電によって別の箇所の

---
[1] 6000万キロワットは東京電力のピーク供給力を上回る量．

電力システムを制御するコンピュータシステムが停止することで，新たな停電箇所が発生し，こうした相互の連鎖がイタリア半島中に広がったのである．当然，経済活動も社会生活も麻痺し，金銭的損失だけを考えても莫大であったであろう．そこで欧米を中心に，こうした問題を引き起こすメカニズムの本質を探り，効果的な対策を講じるための研究が，今まさに精力的に行われ始めている [7, 8]．また，2011 年 3 月に我が国で発生した東日本大震災では，電力網，通信網，交通網などのネットワークの分断による機能不全のみならず，首都圏など被災地から離れた地域における，駅等に溢れる帰宅困難者，飲料水や乾電池の買い占め，放射能の恐怖による誤解に基づく風評，などのパニック行動が発生したことも忘れてはならない．

　地震，津波，大雨洪水，台風などの自然災害は世界中で頻繁に発生し [9]，近年の地球温暖化の影響からか益々巨大化する傾向にある．ゲリラ豪雨やゲリラ雪が日本全国どこで発生しても不思議ではない．そうした災害に伴って，建造物破壊，(農業や漁業に不適切な) 土地の荒廃，物流停止，停電，(システム障害等にもよる) 交通や通信の障害などが発生し，大きな被害をもたらしている．センサーや通信網が発達した現代なら，情報入手や迅速な予測を行い，災害の事前あるいは事後に対策を講じることで被害を食い止められる部分は少なからずあると考えられる．東日本大震災では，ITS Japan とホンダ・パイオニア・トヨタ・日産の 4 社統合がボランティア的に収集した通行実績情報が救援物資の円滑な搬送等に役立った [10]．一方，図 1.4 のような移動基地局が複数台あっても，通信回線の早期復旧に向けてそれらを被災地のどこに持って行ったらよいのかが分からず，設計図がない状況で無線通信網を構築するのに困窮もした [11]．このように，

---- ここに注目！ ----

応急処置すら対策が明らかでないが，複雑に絡み合った大規模なシステムに対して，どのように対処すべきかに関する科学的指針すらないのが最も大きな問題

である．それは，個々の利害が全体にさほど影響しなかった20世紀以前の社会や，専門分野ごとに分かれた要素還元の科学が直面してない問題である．

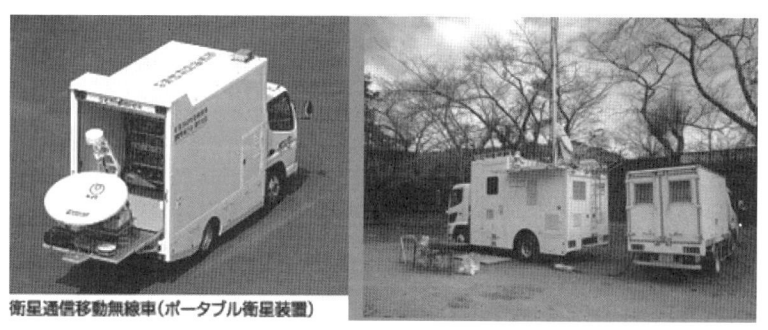

図 1.4　携帯電話の移動基地局．([12, 13] より）

また，地球規模の世界各地の主要都市でメガシティ化が進む一方，以下の点から，都市開発による災害危険度の増加が指摘されている [14]．それらは便利さを追求する現代社会への警告であると同時に，その解決に向けて科学技術が果たすべき課題の選択にも関わる．しかも，問題ありきなわけではなく，時事刻々と変りうる状況にいかに適応して対処できるかが極めて重要となるので，劣悪な環境でも協調して対処する自律分散的なネットワークや互いに助け合う社会コミュニティの構築が鍵を握る．

- 市街地は海岸や氾濫原など自然条件として危険な地域に溢れ出す
- 都市開発の最前線は自然地形を突き崩して進むので，自然災害は発生頻度を低下させない
- 人口と経済投資の集中によって損失額は莫大となる
- 人工環境は時と共に必ず老朽化して都市更新に荒廃が追い付かず，地区ごとの災害危険度が複雑な分布となる
- 移民や貧民は伝統的な相互支援ネットワークから切り離される

ネットワークの研究開発だけで，こうした大規模災害における課題を全て解決できるわけではないにしろ，現状の場当り的な対処が不十分なのは明らかである．どういう被害状況か分からない，救援に何が必要か分からない，のなら

表 1.1 メガシティ災害の特徴と傾向. ([14] より)

1.	自然災害，産業技術災害，社会的災害の**複合的災害**が，ますます多くなっている
2.	リスク（災害発生による危機の可能性）は，ゆっくり変化しつつある
3.	災害の発生位置は，顕著に変化しつつある
4.	被災しやすい脆弱集団は二極化し，かつ分離しつつある
5.	災害管理対策に対する社会的支持は，弱まりつつある
6.	災害問題と都市化問題との間の重複部分の存在は，災害と都市化の管理対策の相互介入の機会をもたらす

被災地との情報通信網の復旧がまず必要だし，物資輸送の為に通行可能な道路の把握にも役立てる．できるだけ過不足のないシステマチックな物資の配分の仕方も工夫しないといけないだろう[2]．

――― ここに注目！ ―――

被害と回復の状況が時間と共に変わる中，司令塔が全てを掌握して制御することは困難であり，**各地域が自律分散的に対策を講じながら**，**人や情報の連携が自然に出来ていく**，そうした**自己組織化**が求められる．

§1.4
現実のネットワークにおける共通性

人の絆はもちろん，携帯通信機器でつながった人間関係は目に見えない．電力網やインターネットでは送電線や通信ケーブルを目にすることがあるものの，せいぜい身近なほんの一部で全体像の詳細は分からない．地図や路線図から全

---

[2] 過去の大災害における救済や救護の実態や，社会階層・職業・生活様式・情報要求と伝播などに関する人間行動の社会史 [15, 16] から，起こりうる事態や対策を学ぶことがより一層重要となるだろう．

1.4 現実のネットワークにおける共通性

体像が把握できるのは，道路網，鉄道網，航空路線網など限られている気がする．しかも，それらとて何となくそれぞれ複雑な形をしている程度で，特に「共通の性質が存在する」とは普通は考えることすらしないだろう．元々，別々の要素で構成された，目的や機能も違う対象物なので．しかしながら，実際に共通の性質が存在することがネットワーク科学によって明らかにされた．

まず，人々が知人を介してどの程度でつながっているのかに関して，1967年の社会学者 Milgram が行った手紙リレーの実験結果について触れておきたい ([17] の第一章の三を参照)．わずか40年ほど前ではあるが，この研究は，人類が知人関係のネットワークを科学的に解明しようとした最初の試みであって，我々の身近な現象で未だ分かっていない事は案外多いと言えよう．この手紙リレーの実験方法をかいつまんで説明すると，予め決めた届け先のある人（ターゲット）の，氏名，職業，就労地名，出身大学などの情報を頼りに，適当に別地域から選ばれた（ターゲットとは全く見ず知らずの）人から，その人の知人の中からできるだけターゲットに到達しそうな人に手紙の仲介を託して，これをリレー方式で続けていく．途中で途切れた場合を除いて，当時，米国における約2億人の中，驚くことに平均的に5-6人で届いたのである．**世間は狭く，我々は意外に小さな世界に居る**と言えよう．しかしながら，何億人も居る人々の中で，全く見ず知らずにもかかわらず，数人の知人を仲介するだけでなぜ届くのか，その理由を解明するには社会学とは別分野の研究者が参入するまでの「時」が必要であった．

現実のネットワークの分析から離れれば，何世紀も前から数学やコンピュータ科学（グラフ理論など）においてネットワークは研究されてきた．

> ただ，ノード間を一様ランダムにつなぐランダムグラフや，碁盤目の正方格子のような規則的なネットワークが暗黙に仮定されていて，ネットワークのモデルとしてそれらが妥当であるかどうか，誰もそれに長い間疑問を持たなかった．

ところが，現実のネットワークには，それら両方のネットワークの性質が混在するのである．すなわち，図 1.5 左に示すように，自分の友達の友達はまた自分とも友達といった三角形のつながりが数多く存在する一方で，(例えば対岸のノードへの) ノード間をつなぐのに必要な仲介数が大きくならず，図 1.5 右に

示すように一気に遠くのノードにまで到達できる「小さな世界」を形成する.このように,現実のネットワークの結合形態はランダムでも規則的でもどちらでもないことから,図 1.5 中央に示すような,規則的なネットワークから確率 $0 < p < 1$ の少数割合だけランダムにリンクを張り替える Small-World (SW) モデルが 1998 年に提案された [18, 19]. 図 1.5 中央では,大多数の三角関係を残したまま,ランダムリンクでショートカットして対岸へも短い仲介数で到達できる.SW モデルでは,この 2 つの性質が現実の多くのネットワークと共通する.

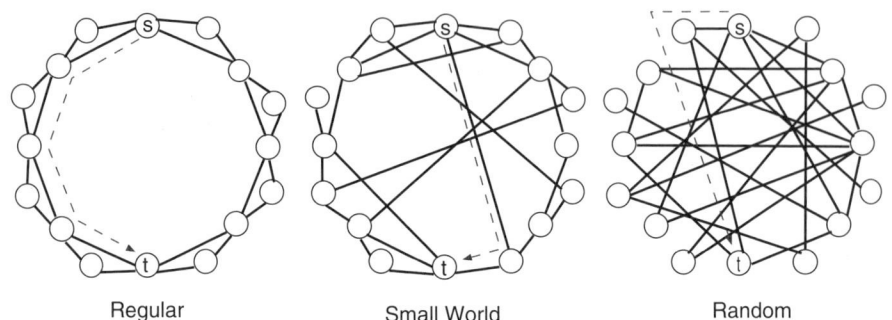

図 1.5 SW モデル(中央),規則的ネットワーク(左),ランダムネットワーク(右) [17]. 点線は始点 s と終点 t の間の最小ホップ経路を示す.

ちょうど前世紀末の同じ頃,コンピュータの性能向上で大規模なデータ解析が可能になった事も幸いして,World-Wide-Web (WWW),論文の引用関係,インターネットのルータ接続などの実データから,現実のネットワークの構造を調べる研究が物理学者やウェブ科学者を中心に盛んに行われた.そこから明らかになったのは,表 1.2 に示す**現実の多くのネットワークに共通する性質**として [20, 21],その次数分布[3])がべき乗則に従う Scale-Free (SF) 構造を持つことであった [22]. すなわち,表 1.2 に示す実データにおいて次数 k のノード数の存在頻度 $P(k)$ は,両対数グラフの直線式 $\log P(k) = -\gamma \log k + \log C$ によくフィットし,べき乗次数分布 $P(k) = Ck^{-\gamma}$ に従うと推定された.これは直感的には,大多数の低次数ノードと極少数の高次数ノード(ハブ)でネットワー

---

[3])ノードの次数とは,そのノードに接続するリンクの数を意味する.次数分布とは,リンク数 k 本のノードがネットワーク全体中に何個あるかに関する割合としての存在頻度 $P(k)$ を表す.

クが構成されることを意味する.

表 1.2 さまざまなネットワーク対象に見られる SF 構造.

社会的関係	知人関係,企業間取引,映画の共演,論文引用,性的関係,言語
インフラ技術	インターネット（ルータおよび AS レベル）,WWW,航空路線網,電力網,電子メール送受信
生物系	神経回路網,遺伝子やエネルギー代謝の反応系,食物連鎖

次数に限らず一般にフラクタル物理で知られた概念として,以下の2つの性質から,ある量 x のべき乗分布 $P(x) = Cx^{-\gamma}$ は SF であると言う [23]. C は確率分布として $\sum_x P(x) = 1$ を満たすための規格化定数である.

- 長さの[cm]単位を[mm]単位で測るなど,定数 A による尺度の変換 $x = Ay$ を施しても,$P'(y) = C(Ay)^{-\gamma} = C'y^{-\gamma}$, $C' = CA^{-\gamma}$, と同じべき指数 $-\gamma$ を持ち分布の形が変わらない.言い換えれば,両対数グラフのある部分を拡大しても相似形となる.

- 正規分布などのように,頻度の高い平均値 $\langle x \rangle = \sum_{x'} x'P(x')$ が分布中の代表的な値とはならず,べき乗分布の長い裾野には平均値とは大きく掛け離れた値も存在して,スケール尺度が定まらない（フリーである）.

この SF 性は SW モデルでは説明できない.なぜなら,ランダムグラフの次数分布は正規分布に似た釣り鐘型の Poisson 分布に従い,SW モデルの次数分布も規則的なネットワークの一定次数から確率 p のリンク張り替えで分布が若干広がるものの,極端に裾野が長いべき乗分布とは両者とも全く異なる.一方,SF ネットワークにおけるノード間の経路は,ハブを経由すれば少ないノードの仲介数となり,ホップ数で測った短い経路の意味での SW 性を持つ（ただし,三角関係の存在は保証されない）.ちなみに,べき乗則は,経済学では Pareto の法則あるいはロングテールの法則を表すものとして知られている [20, 21].

異なる対象にも関わらず現実の多くのネットワークにおいて,次数分布がべき乗則に従う SF ネットワークがなぜできるのか？ その基本となる自己組織化的な生成原理については 2.1 節で説明しよう.表 1.2 に示すネットワークでは

―― ここに注目！――
誰かがネットワーク全体を統括することはなく，あらかじめ設計図も存在しないのに，比較的単純な規則や原理に各要素（ノードやリンクの各部分）が従うだけで複雑なネットワークが形成されると考えられる．

すなわち，階層的な指揮命令系統はなく，偶然会った人との関係や各自の判断でリンクされたウェブページのように各部分が独自に動作するものの（SF構造を持つ等）全体的な秩序も自然にできる．ただ残念ながら，

―― ここに注目！――
SF構造を持つ現実の多くのネットワークの連結性は悪意のあるハブ攻撃（次数が大きい順にノード除去すること）に対して極めて脆く[24]，数％程度の攻撃でバラバラになってしまう．

§1.5 自律分散と自己組織化を理解しておこう

　本節では，分散システムと自己組織化について，それらの特徴や要求項目を概説する．システムとは複数の要素が影響を及ぼし合って，ある機能を有する構成物を指す．

　一般に，ネットワークシステム（系）は以下の両立場で考えられるが，本書で扱うネットワークの構築においては，主に一番目の観点に着目する．

- ネットワークの成長や故障・攻撃などによる構造変化自体を（何らかの規則や原理に従った）系と捉える．
- 情報伝搬や合意形成のように，構築されたネットワーク上に流れる媒体の相互作用や空間的分布などを形成するメカニズムを，通信や経済社会における系と捉える．

いずれにおいても，システム全体を統括する司令塔が存在せず，いくつかのノードや媒体が分散したある範囲内で自律的に互いに作用して，システム外部の環境変化にも適応して，それらの影響が時間的空間的にフィードバックするシステムを考える．

1.5.1 分散システム

複数の仕事を同時並行で行う並列処理システムの中で，通信路として（マルチプロセッサシステムのバス等でなく）LAN や広域網を用いたものは分散システムと呼ばれ，主に以下の目的を持つ [25]．

表 1.3 分散システムの目的による主な分類．

負荷分散	大きな仕事量を複数で分担する 一部に負荷を集中させずシステム全体として性能向上
処理分散	仕事の発生やサービスを必要とする場所で分ける 輸送コストや応答時間を小さく出来る
機能分散	メールやウェブなどの機能ごとに分ける 応答時間や信頼性などの点で有利

この他にも分類項目として，故障や障害に対して代替処理やデータ複製等によってリスクを軽減する**危険分散**，目的や状況が異なる組織ごとの管理や運用のための**管理分散**，システムの機能や規模の強化や変更等に関する**拡散分散**が挙げられる．

本書では「分散システム」を広く捉え，計算機ネットワークのみならず，何らの関係性で相互に作用するシステム（系）や自己組織化等で変化するネットワーク自体も含める．すると，上記の目的のうち，ネットワーク上の処理に関わる通信や輸送の効率性には負荷分散，ノードの空間配置などには処理分散，またトポロジーそのものに関わるネットワークの頑健性には（処理許容量内に留める）負荷分散や危険分散，ネットワークの成長には負荷分散や拡散分散がそれぞれ対応すると考えられる．

一方，分散システムの要求項目として，

- Resource acess: 利用可能な資源に容易にアクセスできること，

- Transparency: ユーザから単一に見える透過性[4]があること，
- Scalability: システムの規模（要素数），空間的範囲，管理において拡張性があること，

が考えられている [26]．ただし，こられはネットワークの構造変化そのものを系と捉えるよりも，主にネットワーク上の伝搬処理（ネットワーク科学ではダイナミクスと呼ばれる事が多い）に関する項目と言えよう．本書では深入りしないが，大量のデータを分散する場合と大規模な計算タスク（仕事量）を分散する場合，あるいはそれらを合わせた場合でそれぞれ，どういう粒度か（いくつに分散するか，各ノードに割り当てるデータの量やタスクの規模や数をどう定めるか等）にしたがって，さらにノードの処理能力やリンクの通信容量等にしたがってデータやタスクの移動が時には必要となって通信のオーバーヘッドが無視できなくなる等，どんな分散処理の仕方が適しているのかが異なる．

1.5.2 分権型組織の強み

組織は情報知識や権限で人々をつないだネットワークである．権限を分散化させて，全体を管轄する人や階層的な指揮命令系統がない組織では秩序が乱れて混乱すると思うかも知れないが，伝統的な意味での指導者を持たずとも力強い集団が多くの分野，業界，社会において多大な影響力を持つようになってきた [27]．音楽業界の覇者を堅守しようとした大手レコード会社に対して無料ファイル交換を可能とした P2P サービス会社，南米大陸の征服を目論んだスペイン軍に抵抗し続けた先住民のアパッチ族，米軍のリーダー狩りでも弱体化しないアルカイダのテロ組織など，いずれも後者を制圧できていない．インターネット技術に支えられた分権型組織による，オープンソースのソフトウェア開発やユーザ指向のサービス提供など，ビジネスで優位となっている例も多々存在する．

---

[4] Access, Location, Migration, Relocation, Replication, Concurrancy, Failure, Persistence など，どの資源を隠すかで分類．

1.5 自律分散と自己組織化を理解しておこう

—— ここに注目！ ——

権限が一箇所に集中していない相手を叩けば叩くほど，それまで以上に情報知識や行動が開かれた状態になり，権限をより分散化させていっそう強くなる．

中央集権型と分権型の組織をそれぞれ（先入観があると見た目の類似に囚われがちな），脳が行動を支配するクモと，切り刻んでも分離部分が各個体となるヒトデに例えると，その5本足に対応させた以下の (1)–(5) が協調することが重要となる [27]．しかも，1本や2本の足を失っても死ぬことはない．

(1) サークル：共通する文化や伝統，独自の習慣や規範などを持つ少人数のグループ
(2) 触媒[5]：模範を示して導くが，他者の役に立ちたい欲求が強く，組織を軌道に乗せるとその権限を譲る人
(3) イデオロギー：独自の信念と信念を貫く覚悟
(4) 既存のネットワーク：既にある組織を土台にする
(5) 推進者：新しい概念を推し進める実行者

中央集権型と分権型の組織を見分けるための特徴を表 1.4 に挙げる．○印は該当する特徴を示す．但し，SF 構造の脆弱性 [24] を回避できるような強固な分権型組織のネットワークがどうやって形成されるのか？ そのメカニズムは分かっていない．

---

[5] 触媒は，仲間，信頼，知性豊かだが感情を持って人を動かす，インスピレーションを与える，共同作業的，水面下で働く，あいまい，つながりを作る，傾向があるのに対して，CEO（Chief Executive Officer: 最高責任者）は，ボス，命令管理，合理的，権力を持つ，注目を集める，秩序，組織する，傾向がある [27]．

表 1.4 中央集権型と分権型の組織の違い．([27] より改変抜粋)

特徴	中央集権型 スペイン軍	分権型 アパッチ族
責任者がいない	×	○
本部がない	×	○
頭を切っても死なない	×	○
明確な役割分担がない	×	○
一部の破壊が全体被害を被らない	×	○
知識と権限が分散	×	○
形が定まらず流動的な組織	×	○
各部門が独立して資金を調達	×	○
参加者数が不明	×	×
各部門が直接連絡し合う	○	○

1.5.3 自己組織化とは

文献 [26] の Part I Self-Organization から自己組織化に関して主要な点を抜粋する．

自己組織化システムとは，その各サブシステムは他との厳格な調整を必要とせずに自ら動作するにもかかわらず，全てのサブシステムが（相互作用で創発される）ある共通の目的に向かって協働するような完全分散システムをさす．特に，

---- ここに注目！ ----

システムのミクロな要素レベルの相互作用だけで，要素における比較的単純な処理からは容易に想定できないような，全体レベルのマクロな現象（パターン）や機能が出現する

点が重要である．

表 1.5 は自己組織化の例を示す．他にも，ほぼ左右対称でなだらかな裾野を持つ富士山の形状は，風雪による岩の侵食や雨や砂の流れで長い年月をかけて自然に創られたものである．

表 1.5 自然界や人工物における自己組織化.

現象名	ミクロ	マクロ
BZ 反応	反応拡散	渦巻き模様
バクテリアや粘菌	表面成長	樹状突起パターン
雷	大気中の電荷蓄積	稲妻の形状
雲	水蒸気と気圧	モコモコ形状
WWW	頁の更新・追加・削除	ネットワーク構造
都市伝説や流行	知人との会話や口コミ	拡がっては消えるパターン

プロセス（処理過程）として自己組織化を可能にする主な特徴としては，

- autonomous behavior control: 互いの自律的動作が局所的に作用
- loose coupling subsystems: 局所情報で働く各サブシステムは緩やかに結合して，他への影響度が小さい
- no global state maintenance: システム全体で状態維持しなくてよい
- no global synchronization: システム全体を同期して制御しなくてよい
- strong dependence on the environment: システム外の環境変化に適応できる
- possibly cluster-based collabolation: いくつかのサブシステムの塊ごとに協調できる

などがある．その特性として，中央制御の不在，構造の創発，結果的な複雑性，（サブシステムの追加で性能が低下しない）高い拡張性が挙げられている．また，要素間における非線形の相互作用とフィードバックを伴い，耐故障の頑健性や回復力を持つ点も指摘されている．

　本書では，上記の意味での自己組織化を，ネットワークの設計法に活用することを念頭に置く．ただし，要素間の相互作用から複雑な現象が生じるものが何でも「自己組織化」だとは考えられない．例えば，さまざまな色のボールを大きな容器に入れて，ぐちゃぐちゃに混ぜてできる不思議な模様は再現性がないのに「自己組織化」と言えるのか？　やはり，**背後に潜む何がしかの原理を見つけ，そこから共通したパターンが生じるメカニズムを解明**してこそ意味がある．

§ 1.6
複雑系の単純性

以下，コラム [28] からの引用に倣って用語としての「複雑系 (Complex System)」と「複雑性 (Complexity)」の違いについて触れておきたい．まず，「○○系」は「具体的な対象からなるシステム」で，「○○性」は「観測される現象の性質」を意味することに注意しよう．

> 複雑系とは，必ずしも同じとは限らない要素が多数集まって複雑に絡み合い，非線形的に相互作用していながらも一つにまとまっているような系をいう．

ネットワーク科学では，要素がノードで，相互作用がノード間のリンク（あるいはリンク上の情報や物資のフローなどに応じた種々の働き：3.4 節のカップリング・ダイナミックス参照）等で表現され，時間的に変化しうるネットワーク自体も系と捉える．この意味で，ネットワークを複雑系としての対象に含めることができる．

一方，単純系は，還元論に従って単純な要素に分解でき，相互作用があっても線形性により効果が足し算で扱えるような系である（例えば，物体に加わる複数の力による運動など）．

大まかに言って，非線形性とは複数要素による効果が（2 次関数や指数関数のように比例関係に従わず）足し算よりも強くまたは弱くなる性質をさす．空間的あるいは時間的な複数要素間の相互作用において，この非線形性に正または負のフィードバック[6]が加わることで，些細な出来事から絶滅や振動など大変動に発展する複雑な現象が生じうるのである．このような現象は，ネットワークの自己組織化において，生成規則やパラメータ値などの変化で，つながり方（連結性）や次数分布，ネットワーク上の流れの渋滞度合いなどが大きく変わる相転移にも通じる．一方，確率的操作など何らかのランダムさを伴いながらも，

---

[6] 一般に，複数の関係性を経て自身に戻る作用で，離散時間の処理系では作用が効くのに時間遅れを伴いやすい．自身の活性度をさらに高める正のフィードバックと，抑制する負のフィードバックに分類される．

ある程度の決まったパターン（トポロジー構造や分布など）がネットワークの生成において生じる場合は単純性を持つと言えよう．

表 1.6 扱う対象の分類. ([28] より抜粋)

	単純性	複雑性
単純系	これまでの物理学	液晶・高分子など
複雑系	本書の研究対象	当面は問題外

また，実体システムと方程式等による記述レベルの系との区別も必要かも知れない．例えば，人口増加の現象では，実体は年齢構成や社会的経済的な状況または慣習などの種々の要因が絡んだ複雑なシステムであるが，それをロジスティック写像と呼ばれる差分方程式で記述すれば，それらの方程式は単純系ではないだろうか．単純な式でも，カオスに至る複雑な現象が説明できる [29, 30] のである．

さらに，複雑系として単純な規則や原理に従う対象がいろいろ考えられ，多くの研究はこの範疇と思われる．その際，乱数など扱う量はデタラメ：複雑でも，比較的単純なメカニズム（からくり，物事の仕組み）に従うプロセス（処理過程）である事が重要である．比較的単純な要素が複雑に絡まりながらまとまってるのが複雑系の本質なので，必然的にネットワークが具体的な対象になりうる．

一方，主な方法論として，「複雑系」と呼ばれる研究分野はカオスや微分方程式系の分岐現象などを議論することが多く，本書や他の書籍 [31, 32, 33, 34, 35] で扱う「ネットワーク科学」の方法論とかなり異なる事にも注意が必要である．したがって研究分野としては，フラクタル解析，統計物理，アルゴリズム等を分析の道具とするが，ネットワーク科学は 21 世紀に誕生した新分野で，混乱しないでほしい．

§ 1.7
さまざまな読者のために　書籍による水先案内

　本書は，空間上のネットワークの自己組織化を基軸にした点で（和洋問わず）ユニークなネットワーク科学の書籍と言えよう．教科書あるいは独学書として使えるように，それらの基本的な内容が本書だけで理解でき，しかも互いに関連する各章を独立に読めるように配慮したつもりであるが，さまざまな関心をお持ちである読者やさらに進んで学びたい読者のためにあらかじめ水先案内をしておきたい．本書だけでもネットワーク科学の研究動向のみならず，組織論，都市計画，生物行動などに関連した話題にも触れているので，各自の興味に応じてつまみ食いするのも悪くないだろう．さらに，以下を合わせて学ばれたり，本書を読んでいて何処かでつまづいた感じがした時に他書の説明を参考にすると効果的と思われる．理解が進めばより深いところで新たな疑問が生じるのは当然で，枯れた分野でない限り，そうした疑問が新らたな発展に結び付く事も多いと思って，探求心につなげてほしい．

　まず手を動かして，コンピュータシミュレーションでモデルからネットワークを作って次数分布を具体的に調べたり可視化してみたい読者には，

- 『図解 よくわかる複雑ネットワーク』[36]
- 『ネットワーク科学の道具箱』[37]

をお勧めしたい．モデルや数式ではなく，ネットワーク科学とは何か概要を知りたい場合は，2002 年米国ベストビジネス書にもなった（10 冊中の2つ！の）科学啓蒙書 [20, 21] が分かりやすく刺激的で興味をそそるだろう．同様な科学啓蒙書であるが，[38] における複雑系の八条件や社会生態学の視点から示唆するところも多いと思われる．一方，複雑ネットワークの数学的な議論により関心をお持ちであれば，

- 『複雑ネットワーク入門』[39]
- 『ランダムグラフダイナミクス』[40]

を読まれると良いだろう．統計物理やフラクタルの観点では [41] が詳しい．ネッ

1.7 さまざまな読者のために　書籍による水先案内

トワーク科学に関する全般的な教科書としては，洋書 [31, 32, 33, 34, 35] 以外にも，和書の

- 『複雑ネットワークの科学』[42]
- 『複雑ネットワーク』[43]

がある．基礎理論から効率的な計算アルゴリズムまでガッチリ学びたい場合は [35] もある．ただし，本書で扱う空間上のネットワーク構築に関してはほとんど述べられていない．ネットワーク科学の誕生から初期の発展を理解するには，この分野において歴史的に重要な論文をまとめた冊子 [44] も参考になるかも知れない．ざっと外観するだけでも，どういう分野やアプローチが関与したかが分かると思われる．

コラム1：自己組織化とは？

自己組織化とは何か？を説明するのは非常に難しい．そこで，著者が自己組織化の数理的裏付けを感じた例 [45] を以下に挙げて，単なる「創発」ではなく何らかの本質的メカニズムが潜んでいることを強調したい．

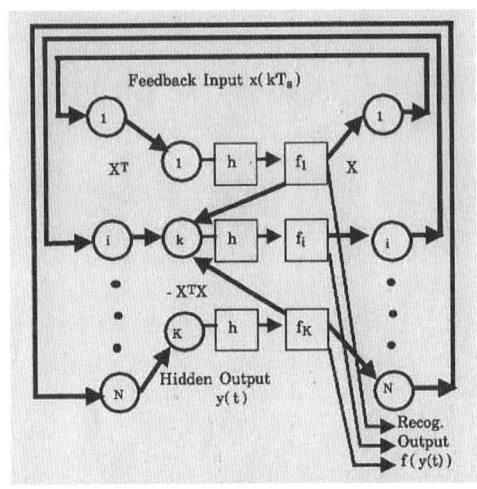

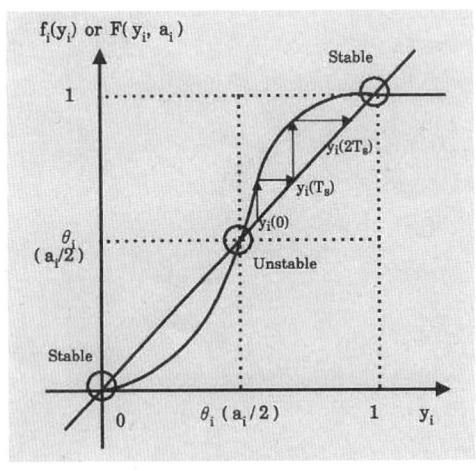

図 1.6 ニューラルネットワークモデル． ([45] より)

図 1.6 上のような連想記憶モデルのフィードバック入力ベクトル $x(t)$ と中間層出力ベクトル $y(t)$ の動作方程式が以下に従うとする.

$$\tau\frac{dy(t)}{dt} = -X^T X h(y(t)) + X^T x(t), \tag{1.1}$$

$$x(t) = X f(h(y(kT_s))) \quad (kT_s \le t < (k+1)T_s, k \ge 1) \tag{1.2}$$

ここで, 時刻 $0 \le t < T_s$ までは $x(t) = x$, $y(0) = 0$, $\tau > 0$ は時定数, T は行列の転置を表し, N 行 K 列の行列 X は, ネットワークの結合重み中に分散的に記憶する N 次元縦ベクトル $x^{(i)}$ を横に K 個ならべた $X \stackrel{\text{def}}{=} [x^{(1)}, \ldots, x^{(K)}]$ で定義される. また, 負値を抑えた関数

$$h(z) \stackrel{\text{def}}{=} \begin{cases} z & (z > 0) \\ 0 & (z \le 0), \end{cases}$$

および図 1.6 下に示す S 字関数

$$f(z) \stackrel{\text{def}}{=} \begin{cases} z^2/\theta_i & (0 \le z \le \theta_i) \\ -(z-\theta_i)^2/(1-\theta_i) + 1 & (\theta_i < z \le 1), \end{cases}$$

とする. 区分定義されても, この $f(z)$ は微係数まで連続で滑らかとなる.

m 番目の記憶パターン $x^{(m)}$ にノイズ n が加わったベクトル $x = x^{(m)} + n$ が初期入力されたとする. T_s はある程度大きくて $y(T_s)$ が定常状態近くとすると, 式 (1.1) 左辺を零として, 式 (1.2) を用いれば

$$y(T_s) \approx e^{(m)} + (XX^T)^+ X^T n,$$

$$y((k+1)T_s) \approx (X^T X)^+ X^T x(kT_s) = f(y(kT_s)),$$

となることから, その i 成分 y_i は図 1.6 右のように, しきい値 θ_i を境にして値 0 と 1 のみが安定点となる. ここで, $e^{(m)}$ は m 成分のみ 1 で他は全て 0 の単位ベクトル, $^+$ は一般逆行列を表す. したがって, **中間層の側抑制結合 $-X^T X$ による競合とフィードバックにより逆行列連想を実現することで, ノイズが小**さければ記憶パターン $x^{(m)}$ が再現できる.

さらに, 変数 $a_i \stackrel{\text{def}}{=} 2\theta_i$ を用いて $f(z)$ を $F(z, a)$ と書き改め, X を W で表記し直した学習方程式

$$\tau_a \frac{da(t)}{dt} = \frac{\partial F(y(t), a(t))}{\partial a} \left(\frac{\tau dy(t)}{dt} \right),$$

$$\tau_w \frac{dW(t)}{dt} = -\gamma W(t) + g(x(t))F(y(t), a(t))^T$$
$$-W(t)F(y(t), a(t))F(y(t), a(t))^T,$$

を考える．$g(x)$ は $f(z)$ のような有界で微分可能な単調増加関数，$\tau_a, \tau_w \gg \tau$ は時定数，$\gamma > 0$ は忘却の強さを表す係数である．上式の $W(t)$ で $g(z)$ と $F(y, a)$ の線形部分のみを考えた成分表示は

$$\tau_w \frac{dW_{ij}(t)}{dt} = -\gamma W_{ij}(t) + \left[x_i - \sum_s W_{is} y_s \right] y_j, \quad (1.3)$$

となり，**主成分を抽出**する Sanger の線形モデルの学習方程式 [46] と類似する[7]．

このように，図 1.6 上における x や y に関するミクロな神経細胞素子の動作や重み行列 W の信号相関に基づく学習が，一般逆行列連想や主成分抽出を近似的に実現してパターン識別機能を自己組織化していることが分かる．この機能の自己組織化は，同じ信号処理なら神経細胞素子が電子回路か光素子かタンパク質かどれで出来ているかによらず現れる．なお，動作方程式 (1.1) と学習方程式 (1.3) ともに Lyapunov 安定収束する [45] ことも付記しておく．見た目だけでは分からない，背後に潜む原理がイメージできたら幸いである．

---

[7] Sanger の線形モデルでは，式 (1.3) 右辺第 3 項の下三角成分のみを利用して Gram-Schmidt の直交化処理で固有値の大きい主成分から順に抽出する点は異なる．

第2章
基本は成長するネットワーク

　本章では，成長するネットワークの基本モデルとして，次数に比例した確率でノードにリンクが追加される優先的選択に基づくネットワーク構築法を紹介する（図 2.1）．また，利己性の度合いにしたがって，次数への比例よりも強くあるいは弱く（高い確率あるいは低い確率で）ノードが選択される場合の，次数分布の変化についても触れる．

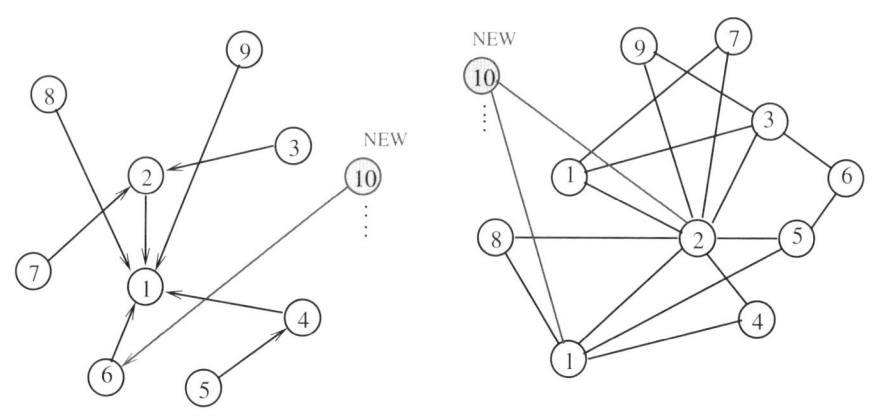

Krapivsky-Redner's GN model　　　　　　　BA model

図 2.1 GN 木 [47]（左）と，毎時刻に追加されるリンク本数 $m=2$ の BA モデル [48]（右）．ノードの番号は新ノードとしての挿入時刻を表す．

§ 2.1
金持ちはより金持ちになる法則

　Barabási-Albert (BA) モデルは，**次数に比例した確率でノードにリンクが追加される優先的選択にしたがって成長する SF ネットワークの典型的モデル**として知られている．優先的選択は例えば，国内の航空路線網において新規航路を開設する際，全国各地への多くの乗り継ぎ便を持ったハブである羽田空港に乗り入れると便利なので，こうした新規開設する**自分にとって有利な接続相手を利己的に選ぶこと**に相当する．ノードを人に，リンクを経済取引から得るお金に対応付ければ，優先的選択は，「金持ちはより金持ちになる (rich get richer) 法則」に読み替えられる．世の中の所得の分布が，極一部の金持ちと，大多数の貧乏人で構成される，べき乗分布に従うことにも対応する．このように，

―――― ここに注目！ ――――
優先的選択は単なるネットワーク生成モデルの基本的規則に留まらず，ある種の利己原理を個々人が持てば，例え全体への影響を意図しなくても不平等な世界が生じうる

ことを示唆していると言えよう．このような基本原理は決して自明ではなく，1章で述べた実データにおける次数分布などの統計的性質をいくら調べても導出できるものではない．

　まずは，図 2.1 のように，毎時刻に 1 個の新ノードと m 本のリンク[1]を追加して成長していく，以下の手順を見てみよう．BA モデルにおける次数分布 $P(k) \sim k^{-3}$ の導出は，いろいろ分かり易い解説が既にあるので，原著論文 [48] あるいは和書 [42, 43] 等を参照されたい[2]．

Step 0: 次数 0 の孤立ノードがない，N_0 個のノードが連結した初期構成を考

---
[1] この m は 2.4 節で述べる最小次数 $K_{\min}$ の値でもある．
[2] 本書では，3.2 節で幾何学的構成における別の解析を紹介する．

える．$N_0 \geq m$ より m ノードの完全グラフが用いられる事が多い．

Step 1: $t = 1, 2, 3, \ldots$ の毎時刻に新ノードを 1 個追加して，新ノードから既存のネットワーク中のノードに m 本のリンクを張る．その際，各ノード i はその次数 k_i に比例した確率 $\Pi_i \propto k_i$ で選択され[3)]，この操作を m 回行う．ただし，同じノードを複数回選択する多重リンクは禁止する（別のノードを上記の確率で選び直す）．

Step 2: 所望のノード数（あるいは時刻）になるまで，Step 1 を繰り返す．

Barabási らは，現実のネットワークにおける生成プロセスと対比した BA モデルの妥当性として，

(1) 総ノード数は一定でない：さまざまなネットワークは，新ノードの追加によって絶え間なく大きくなる．
例：俳優間ネットワークでは新しいタレントが常に出現，WWW では新しい頁が日々追加，引用関係のネットワークでは新しい論文が次々出版．

(2) リンク先の選択は一様でない：既に多くのリンクを持つノードに高い確率でリンクが追加される．
例：俳優間ネットワークでは新人は有名なスターと共演，WWW では新しい頁はよく知られたサイトをリンク，引用関係のネットワークでは引用数の多い論文がさらに引用される傾向がある．

ことを挙げている[4)]．ここで，俳優がノードでそれらの間の共演関係がリンク，WWW のホームページ（サイト）がノードで URL がリンク，論文がノードで参考文献に載せられた引用関係がリンクにそれぞれ対応している．

もちろん，(1) と (2) は，現実の多くのネットワークの次数分布がべき乗則 $P(k) \sim k^{-\gamma}$ に従う，その普遍性を説明するための原理モデルとしての解釈であって，個々のネットワークにおける詳細な性質までをも再現するにはそれぞれの生成プロセスをさらに考慮しなければいけない．つまり，ネットワークの生成メカニズムは，力学におけるニュートンの法則のように万物に適用できるほ

[3)] 具体的な数値計算の方法は 6.4 節を参照されたい．
[4)] 以前はネット公開されていたプレゼン資料 "Emergence of Scaling in Random Networks" の Slide12 に記載．

ど解明されておらず，研究分野としてさらに発展していく可能性を秘めている．

―― ここに注目！ ――
ただし，鳥の羽をいくら細かく調べても航空力学は誕生しないように，ネットワーク科学においても適度な抽象化（モデル化）が必要かつ重要な鍵となる．

本書の第3章以降では，距離や空間分布を取り入れながら，ある程度の抽象度を持つ基本メカニズムや規則に焦点を当て，ネットワークのモデルを考えていく．

§ 2.2
利己性の強弱でハブはどうなるの

図 2.1 左のように，各時刻に追加される新ノードから優先的選択にしたがって選ばれた既存ノードに1本ずつリンクされて成長していく Growing random Network (GN) 木モデル [47, 49, 50] を考えよう．この場合，ネットワークは木となり（有向辺と解釈すれば outlink は常に1本）多重リンクは発生せず，次数 k と k' を持つノード間の次数相関なども解析的に導出できる．

時刻 t における次数 k のノード数を $N_k(t)$，次数 k のノードにリンクが追加される確率を $A_k/A(t)$ として，

$$\frac{dN_k(t)}{dt} = \frac{A_{k-1}N_{k-1}(t) - A_k N_k(t)}{A(t)} + \delta_{k,1}. \tag{2.1}$$

を考える．右辺における分子の第1項は次数 $k-1$ のノードが新ノードからリンクされて k になる増加分，第2項は次数 k が $k+1$ になる減少分である．ここで，定数 A_k は結合核 (connection/attachment kernel) と呼ばれ，$A(t) \stackrel{\text{def}}{=} \sum_{j \geq 1} A_j N_j(t)$ は正規化因子，$\delta_{i,j}$ はクロネッカーのデルタと呼ばれ，$i=j$ の時は1で，$i \neq j$ の時は0となる，新ノード追加分である．

2.2 利己性の強弱でハブはどうなるの

以下，$A_k = k^\nu$として，2.2.1 次数に比例した優先的選択の線形核：$\nu = 1$の場合，2.2.2 弱い利己性の劣線形核 (sublinear kernel)：$0 < \nu < 1$の場合，2.2.3 強い利己性の優線形核 (superlinear kernel)：$\nu > 1$の場合に分けて，次数分布の違いを概説する．2.2.1 の次数に比例する優先的選択よりもハブの選ばれやすさが，2.2.2 弱いと次数の増大が抑えられて分布の裾野が指数的に減衰し，2.2.3 強いと巨大ハブによるリンクの独占で星形ネットワークが形成される．表 2.1 に示すように，パラメータ ν の値は利己性の度合いに相当すると考えられる．一方，$\nu = 0$ の利己性が無い時は 2.2.4 ランダム選択による指数分布となり，上記と合わせると，**ν の値に応じて指数分布からべき乗分布を経て独り勝ちとなる次数分布の変化**が理解できよう．本節の数式がよく分からない読者は図 2.2 と表 2.1 にまとめた結果のみを把握してほしい．特に最大次数の差に着目されたい．

―― ここに注目！――

表 2.1 利己性の度合いにしたがった GN 木における次数分布の変化．

利己性	無 $\nu = 0$	弱 ← $0 < \nu < 1$	優先的選択 $\nu = 1$	→ 強 $\nu > 1$
分布	指数	カットオフ付べき乗 sublinear	べき乗 linear	独占状態 superlinear
ハブの有無	ハブ無	最大次数が抑制	ハブ創出	巨大ハブ
節	2.2.4	2.2.2	2.2.1	2.2.3

2.2.1 次数に比例する優先的選択：べき乗分布

優先的選択として次数に比例したリンク獲得をあらわす $A_k = k$ の時は，毎時刻に 1 本のリンクが追加されて $A(t) = \sum_{j \geq 1} j N_j(t) = 2t$：総リンク数 × 2 となり，式 (2.1) から $N_1 = 2t/3$ と $N_2 = t/6, \dots$ を得る．したがって，より一般に $N_k = t \times p_k$ となる．

これらを式 (2.1) に代入して整理すると，

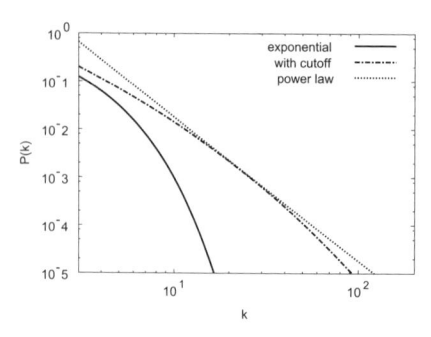

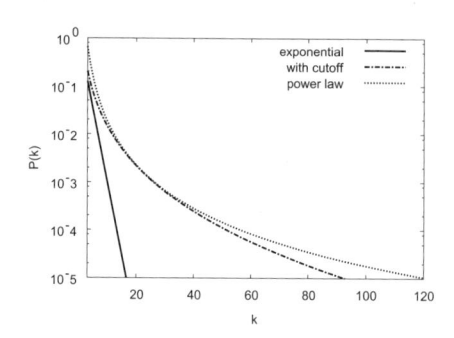

図 2.2 表 2.1 における次数分布の概形．（左）両対数グラフ：直線がべき乗分布．（右）片対数グラフ：直線が指数分布．縦軸の $P(k) = 10^{-5}$ に対応する横軸上の k の値は $N = 10^5$ 個中に 1 個存在するノードの最大次数を表す．

$$p_k = \frac{k-1}{k+2} \times p_{k-1} = \frac{4}{k(k+1)(k+2)} \approx k^{-3},$$

のべき乗分布が得られる（$m = 1$ の BA 木に相当）．

2.2.2 弱い利己性：指数的カットオフ付き べき乗分布

$A_k = k^\nu$, $0 < \nu < 1$ の場合を考える．ここで，次数分布と $A(t)$ が時間に伴って形を変えずに線形に成長すること，すなわち，$N_k = t \times p_k$, $A(t) = \mu t$ と仮定する．

式 (2.1) より得られる，

$$p_0 = 0, \quad p_1 = \mu/(\mu + A_1), \quad p_k = p_{k-1}A_{k-1}/(\mu + A_k),$$

を反復適用すると，

$$p_k = \frac{\mu}{A_k} \prod_{j=1}^{k} \left(1 + \frac{\mu}{A_j}\right)^{-1},$$

を得る．上式より例えば，$1/2 < \nu < 1$ では，

$$p_k \approx k^{-\nu} \exp\left[-\mu \left(\frac{k^{1-\nu} - 2^{1-\nu}}{1-\nu}\right)\right],$$

のように，べき乗の次数分布から裾野の頻度が急激に下がる指数的カットオフを持つ [47, 49]．

2.2.3 強い利己性：巨大ハブによる独占状態

$A_k = k^\nu$, $\nu > 1$ の場合を考える．特に，$\nu > 2$ のとき，**初期に挿入されたノードにリンクが集中する独占状態**が起こる．以下，独占状態を考える．

N 時刻後に新ノードが初期ノード i_0 にリンクする確率は，次数 $k = N$ の中心ノード i_0 と次数 $k = 1$ の N 個の末端ノードでネットワークが構成されていることから，$N^\nu/(N + N^\nu)$ となる．これより，十分時間が経過した後で（星型ネットワークとなる）独占状態が起こる確率は，

$$\mathcal{P} = \prod_{N=1}^{\infty} \frac{1}{1 + N^{1-\nu}},$$

となる．よって，$1 < \nu \leq 2$ ならば $\mathcal{P} = 0$ で（独占状態はまず起こりえない）．一方，$\nu > 2$ ならば $\mathcal{P} > 0$ となりうることがわかる．

時刻 $t < k$ では次数 k まで成長していないので，$N_k(t) = 0$ となることを用いて式 (2.1) から，

$$N_k(k) = \frac{(k-1)^\nu N_{k-1}(k-1)}{M_\nu(k-1)} = N_2(2) \times \prod_{j=2}^{k-1} \frac{j^\nu}{M_\nu(j)},$$

$M_n(t) \stackrel{\text{def}}{=} \sum_{j \geq 1} j^n N_j(t)$, $\nu > 2$. このとき，$M_n(t) \propto t^\nu$ となることから，

$$N_k(t) = J_k t^{k-(k-1)\nu}, \; k \geq 1, \tag{2.2}$$

$J_k \stackrel{\text{def}}{=} \Pi_{j=2}^{k-1} j^\nu / [1 + j(1-\nu)]$, を得る．式 (2.2) より，$\nu > 2$ のとき，$k \geq 2$ の $t^{k-(k-1)\nu}$ が $t \to \infty$ でゼロ，すなわち，次数 2 以上のノードはほとんど存在せず，星形の独占状況となる．同様に，$2 > \nu > 3/2$ のとき，次数 3 以上のノードは存在せず，また $3/2 > \nu > 4/3$ のとき，次数 4 以上のノードは存在しない．一般に，$\kappa/(\kappa-1) > \nu > (\kappa+1)/\kappa > 1$ のとき，次数 κ 以上のノードは存在しないことがわかる．

以上のように，適応度 (fitness) による独占 [51] と類似した強いリンク獲得力によって，$\nu > 2$ では星形，$1 < \nu < 2$ ではその値に応じて限定された次数のみを持つノードでネットワークが構成される．

2.2.4　利己性がないとき：指数分布

式 (2.1) で $\nu = 0$ のランダム選択の時は Growing Exponential Network (GEN) モデル [31, 52] と呼ばれて $A_j = 1$，毎時刻 t に 1 個の新ノードが追加されるので $A(t) = \sum_j N_j(t) = t$ より，

$$N_k(t+1) - N_k(t) = \frac{N_{k-1}(t) - N_k(t)}{t} + \delta_{k,1}.$$

上記に $P(k, t) = N_k(t)/t$ を用いて連続時間の近似をすると，

$$t\frac{\partial P(k,t)}{\partial t} + P(k,t) = \frac{\partial (tP(k,t))}{\partial t} = P(k-1,t) - P(k,t) + \delta_{k,1}.$$

$t \to \infty$ における定常分布 $\frac{\partial P(k,t)}{\partial t} = 0$ を考える[5]と，

$$2P(k) - P(k-1) = \delta_{k,1}, \tag{2.3}$$

より，指数分布 $P(k) = 2^{-k}$ を得る．式 (2.3) の両辺に k を掛けて和を取り整理すると，平均次数

$$\langle k \rangle = \sum_k kP(k) = 2,$$

となる．

一方，幅 $\Delta k = 1$ ステップ分の変化を表す差分方程式 (2.3) を変数 k で連続近似した

$$\frac{dP(k)}{dk} = -P(k),$$

を考えてみる．指数関数の微分（導関数）は指数関数なので，この微分方程式の解は $P(k) \propto e^{-k}$ となり，2^{-k} と異なる誤った次数分布を与えることに注意しなければならない [31]．これは差分方程式とその連続近似の微分方程式とで解に差が生じる例であるが，どの段階で近似を行えばよいかは一般に判断が難しく，実際にネットワーク生成した数値シミュレーションで正しい次数分布を確かめておく必要がある．

---

[5]成長するネットワークの次数分布がいつも定常分布を持つとは限らない．非定常で時間変化する次数分布に関しては第 5 章でも触れる．

§2.3
指数と対数および微積分についての復習

　文系出身者あるいは理工系出身者で基礎力が不足している読書のために数式の扱いに関する復習をしておきたい．本節は，せいぜい大学2年生程度のレベルであるが，逆にこうした基礎力さえあれば後は地道に手を動かして計算して学べば，本書で扱う範囲の数学は理解できる．

　まず，100円の借金を50年後に返済するという架空の話を考えよう．仮に，複利金利で借金は1年で倍に，2年で4倍に3年で8倍に4年では16倍に…という風に倍々に増えるとすると，何と返済額は約10京円（1兆円の10万倍）で1万円札の高さにして月まで届くものになってしまう [53]．これを式で書くと，$a=2$ とおいて

$$100 \times \underbrace{a \times a \times \ldots \times a}_{50\,回} = 100 \times a^{50} \approx 10^{17}.$$

横軸を年数 x に，縦軸を借金額 $y = 100 \times a^x$ にしてグラフを描くと，年数の増加に対して急激に借金額が大きくなる指数の性質が分かる．

　さて，指数関数 e^x は定数 e を x 回かけた値

$$\underbrace{e \times e \times \ldots \times e}_{x\,回}$$

を表す．$\exp(x)$ と表記されることもある．e は自然対数の底あるいはネピアの数と呼ばれる無理数で，$e = 2.7182818284\ldots$ である．かけ算の回数なので，m 回にさらに n 回をかけると $m+n$ 回かけたことになり，指数法則

$$e^m \times e^n = e^{m+n}, \tag{2.4}$$

が成り立つ．もちろん，e 以外の任意の定数 a についても同様に $a^m \times a^n = a^{m+n}$ が成り立つ．

　x を整数値の回数だけでなく任意の実数値として，関数 $f(x)$ としての e^x を考える．ここで関数とは，使用したガソリン量 x[l] × 単価 [円/l] で代金 $f(x)$ が

定まるように，ある値 x に対して関数 $f(x)$ の値が定まる対応関係を指す．すると，指数関数は微分しても同じ関数となり，以下で定義することができる [54]．

$$e^x = 1 + x + \frac{x^2}{2} + \frac{x^3}{3!} + \cdots + \frac{x^k}{k!} + \cdots, \tag{2.5}$$

$k!$ は k の階乗といい，1 から k まで順にかけた $1 \times 2 \times 3 \times \cdots \times k$ を表す[6]．k 乗関数 x^k の x による微分は kx^{k-1} となるので，

$$\frac{de^x}{dx} = 0 + 1 + \frac{2x}{2} + \frac{3x^2}{3 \times 2} + \cdots + \frac{kx^{k-1}}{k \times (k-1)!} + \cdots = e^x$$

と確かめられる．ちなみに，微分の定義は

$$\frac{df(x)}{dx} \stackrel{\text{def}}{=} \lim_{\Delta x \to 0} \frac{f(x + \Delta x) - f(x)}{\Delta x}$$

であり，k 個から k' 個を選ぶ組合せ数 ${}_k\mathrm{C}_{k'} = k!/((k-k')!(k'!))$ を用いて，

$$\frac{(x + \Delta x)^2 - x^2}{\Delta x} = \frac{2x\Delta x + (\Delta x)^2}{\Delta x} = 2x + \Delta x,$$

$$\frac{(x + \Delta x)^3 - x^3}{\Delta x} = \frac{3x^2\Delta x + 3x(\Delta x)^2 + (\Delta x)^3}{\Delta x} = 3x^2 + 3x\Delta x + (\Delta x)^2,$$

$$\frac{(x + \Delta x)^k - x^k}{\Delta x} = \frac{kx^{k-1}\Delta x + {}_k\mathrm{C}_2 x^{k-2}(\Delta x)^2 + \cdots + (\Delta x)^k}{\Delta x}$$

$$= kx^{k-1} + \frac{k(k-1)}{2}x^{k-2}\Delta x + \cdots + (\Delta x)^{k-1},$$

と，関数

$$f_0(x) \stackrel{\text{def}}{=} 1,\ f_1(x) \stackrel{\text{def}}{=} x,\ f_2(x) \stackrel{\text{def}}{=} x^2/2,\ \ldots,\ f_k(x) \stackrel{\text{def}}{=} x^k/(k!)$$

の和の微分公式

$$\frac{d\sum_k f_k(x)}{dx} = \frac{df_0(x)}{dx} + \frac{df_1(x)}{dx} + \cdots + \frac{df_k(x)}{dx} + \cdots,$$

---

[6] 後に登場する Gamma 関数 $\Gamma(x)$ は実数 x に対して階乗を一般化したものと捉えられる．変数 x が整数の時は $\Gamma(x+1) = x\Gamma(x) = x(x-1)\Gamma(x-1) = x(x-1)(x-2)\ldots 1 = x!$ となるので．

2.3 指数と対数および微積分についての復習

から，これらは理解できよう [55]．合成関数 $z = f(y), y = g(x)$ の微分は

$$\frac{df(g(x))}{dx} = \frac{df(y)}{dy} \times \frac{dg(x)}{dx},$$

となる．走行距離 x[km] に対するガソリン使用料 y[l/km] と，ガソリン価格 z[円/l] などをイメージして頂きたい．あるいは例えば，$z = e^y$ と $y = -ax$ に，$de^{-ax}/dx = e^{-ax} \times (-a)$ と適用できる．

対数関数 $y = \log(x)$ は，変数 x の増加に対する y の変化が段々鈍くなる関数で，味や音の刺激量 x に対する感覚量 y についての Weber-Fechner 則として知られている [53]．一方，図 2.3 のように，指数関数は x の増加に対して y が急激に増大する関数である [54]．

対数関数は指数関数の逆関数でもある．逆関数とは，$y = f(x)$ なら $x = f(y)$ という具合いに x と y の役割を入れ替えたものである．$y = x$ の 45 度の線上に鏡をおいて，指数関数を映した対称な曲線が対数関数となる [53]．$A = e^m, B = e^n$ とおくと，逆関数の関係から $m = \log(A), n = \log(B), \log(e^{m+n}) = m+n$，なので式 (2.4) の両辺の対数をとると，

$$\log(A \times B) = m + n = \log(A) + \log(B)$$

となることも分かる．$B = A$ でこれを k 回繰り返せば

$$\log(A^k) = k \log(A)$$

となる．また，逆関数の微分公式から，$y = \log(x) \Leftrightarrow x = e^y$,

$$\frac{dy}{dx} = \frac{1}{\frac{dx}{dy}} = \frac{1}{e^y} = \frac{1}{x},$$

となる．$y = a^x, 0 < a \neq e$ には $\log(y) = x \log(a)$ と対数微分

$$\frac{d \log(y)}{dx} = \frac{d \log(y)}{dy} \times \frac{dy}{dx}$$

より，

$$dy/dx = \log(a) y = \log(a) a^x$$

が得られる．

一般に，微分可能[7]な関数 $f(x)$ を微分して積分する，または積分して微分すると，元の関数に戻る．

$$\int \frac{df(x)}{dx}dx = \frac{d}{dx}\int f(x)dx = f(x).$$

よって，微分と積分は互いに逆操作であって，以下の表のようにまとめられる [55]．ここで C は積分定数．これらを魔法のレシピだと思って使えばよい．

微分	積分
$\dfrac{dx^k}{dx} = kx^{k-1}$	$\displaystyle\int x^k dx = \dfrac{x^{k+1}}{k+1} + C$
$\dfrac{de^x}{dx} = e^x$	$\displaystyle\int e^x dx = e^x + C$
$\dfrac{d\log(x)}{dx} = \dfrac{1}{x}$	$\displaystyle\int \dfrac{1}{x} dx = \log(x) + C$
$\dfrac{da^x}{dx} = \log(a)a^x$	$\displaystyle\int a^x dx = \dfrac{a^x}{\log(a)} + C$

---

[7] グラフが途中で途切れているなど不連続な場合や刺状に尖って滑らかな曲線でない場合は，微分不可能となる．ただし，本書で扱う関数はそういう病的なものではない．

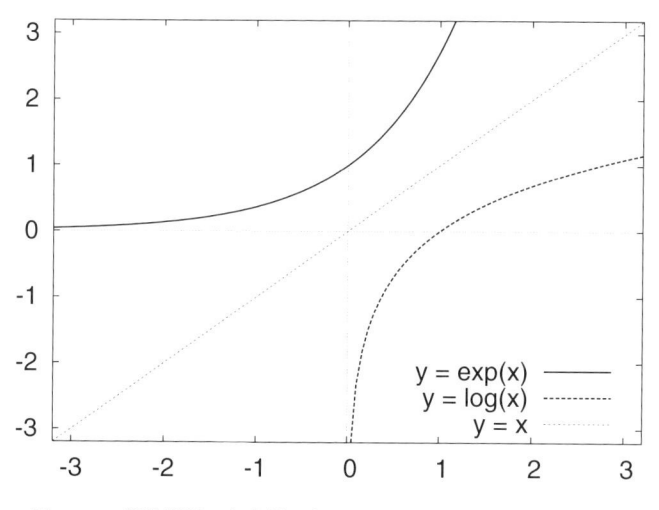

図 2.3 指数関数の急上昇さと $y = x$ の鏡像としての対数関数.

§ 2.4
最小次数と次数分布に基づく平均次数の近似

ネットワークにおけるノードの次数は本来，$1, 2, \ldots$ 本と離散値をとるが，これを連続値の分布で近似した扱い [34] を以下に紹介する．ただし，後の議論に必要不可欠なわけではないので，本節は研究等で必要になった時点で改めて読んで頂いて構わない．

まず，べき乗分布：$P(k) = Ck^{-\gamma}$, $K_{\min} \leq k \leq K_{\max}$, を考える．$C$ は正規化定数で，

$$1 = \int_{K_{\min}}^{\infty} P(k)dk = \frac{C}{\gamma - 1} K_{\min}^{1-\gamma},$$

より，べき指数 $2 \leq \gamma \leq 3$ と最小次数 $K_{\min}$ を用いて，$C = (\gamma - 1)K_{\min}^{\gamma-1}$ と表される．

カットオフ次数と呼ばれる最大次数 $K_{\max}$ は，ネットワーク全体の N 個の

ノードの中で $K_{\max}$ 以上の次数のノード和が高々 1 個と定義され,

$$\frac{1}{N} = \int_{K_{\max}}^{\infty} P(k)dk = \frac{C}{\gamma - 1} K_{\max}^{1-\gamma},$$

より,

$$K_{\max} = K_{\min} N^{\frac{1}{\gamma-1}},$$

と表される．BA モデルでは $\gamma = 3$ なので最大次数は $O(\sqrt{N})$ と見積もれる．ただし，$K_{\max}$ 以上のノードの累積数が高々 1 個なので，実際に 1 個以上のノードが存在する最大次数は $K_{\max}$ より小さく，また大きな次数は 100 の次は 246 とか飛び飛びとなる事が多い．また，リンクの片方の端を未結合にした上で，次数分布の出現頻度に従って次数分のリンクを各ノードに割り当て（もう片方の端がそのノードに結合），未結合の端同士をランダムに選んだペアを結合していくコンフィグモデル [43] においても，この最大次数 $K_{\max}$ までを仮定すると，(既にリンクが存在する場合は禁止するので) ペアが見つからずにネットワークが作れない事が起きうることに注意しよう．

上記の C と $K_{\max}$ を用いて整理すると，平均次数は，

$$\langle k \rangle = \int_{K_{\min}}^{\infty} kP(k)dk = \frac{\gamma - 1}{\gamma - 2} K_{\min},$$

と表され，べき乗分布の平均次数は最大次数に依存しないことが分かる．

一方，パラメータ $\alpha > 0$ の指数分布 $P(k) = Ce^{-\alpha k}$ の時は，

$$1 = C \int_{K_{\min}}^{\infty} e^{-\alpha k} dk = \frac{C}{\alpha} e^{-\alpha K_{\min}},$$

より，$C = \alpha e^{\alpha K_{\min}}$ で，

$$\frac{1}{N} = C \int_{K_{\max}}^{\infty} e^{-\alpha k} dk = \frac{C}{\alpha} e^{-\alpha K_{\max}},$$

より，

$$K_{\max} = \frac{1}{\alpha}(\alpha K_{\min} + \log N),$$

と表され，最大次数は $O(\log N)$ と見積もれる．これらから，

$$\langle k \rangle = C \int_{K_{\min}}^{\infty} ke^{-\alpha k} dk = K_{\min} + \frac{1}{\alpha},$$

となる．こうした関係式に具体的な数値を入れれば，$K_{\min}, \langle k \rangle, K_{\max}$ に量的に大凡の検討が付いて役立つ．例えば，サイズ $N = 10000$ の時は $\gamma = 3$ とした $\sqrt{N} = 100$ と $\log N \approx 9.21$ より，べき乗分布と指数分布の最大次数 $K_{\max}$ はそれぞれ数百と数十程度となって，かなり差が生じる．

§ 2.5
文献と，関連する話題

　BA モデルや GN 木の他にも，古株ノードがハブになりやすい BA モデルの不自然さを改善した，年齢によるリンク獲得の減衰効果を取り入れたモデル [56]，Bose-Einstein 凝縮と同様な適応度に応じて（新参者でもリンク獲得の）独占が可能な fitness モデル [57]，ネットワークのサイズと共に毎時刻に追加されるリンク数が非線形に増加する加速度成長モデル [31]，WWW の実測値に近い入次数と出次数のべき指数をそれぞれ調整できる拡張 GN モデル [50]，などが議論されてきた．しかしながら，これまでに発見されたネットワーク自己組織化の原理としては，3.4 節の淘汰や 4 章の再帰的四分割とクラスター凝集分離 [58] を除けば，ある意味で利己的な優先的選択と，第 5 章で扱うコピー操作が本質的かつ唯一のものと考えられる．

　べき乗則が現れることを最初に示したという意味では，「rich get richer 法則」に従う 1955 年の Simon のモデル，それをネットワークとして議論した 1965 年の Price のモデルについて，現代風にアレンジしたレビュー論文 [59, 60] が参考になるだろう．次章以降を含めて本書で扱っていない複雑ネットワークのモデルのいくつかは，SW モデルの理論解析や（ネットワーク内に存在する三角関係の頻度で定義される）クラスタリング係数が高い SF ネットワークを含めて，和書 [42, 43] でも学ぶことができる．

コラム2：べき乗分布より対数正規分布が自然

　本章では，現実の多くのネットワークの次数分布が，べき乗分布に従うとして，その基本的な生成モデルを説明してきた．しかしながら，どの部分の統計データを測定したかによって，分布関数としての妥当性を考え直した方がよいこともありうる．

　例えば，**所得の頻度分布**においては十分に裕福な一部の人々を対象とすれば，べき乗分布が観測されるが，大多数を占める低所得者を含めると，対数正規分布[8]に従う [61, 62]．人口分布においても，都市ではべき乗分布に従っても，**都道府県単位や市町村単位の人口ランキング**では対数正規分布に従う．つまり，全体のデータでは対数正規分布に従うときでも，その裾野部分だけを見れば，べき乗分布と解釈できる場合が存在しうる．これらは，**名もなき，ただし数だけは圧倒的に多い部分を無視し，目立つ稀な事象のみに着目することへの反省**にもつながる．また，対数正規分布で分散が小さいと正規分布に，大きいとべき乗分布に類似して，グラフの形からは区別がつきにくい点も悩ましい．

　一般に対数正規分布は，過去の歴史を背負った成長過程，すなわちその歴史性から生じる．例えば所得の大小においては，その人が歩んできた過去：どこの学校を出て，どこに就職し，どんな業界で活躍したのか，それらの実績が掛け算的に効いてくると考えるのが自然であろう．数学的にはこれは乗算過程と呼ばれ，ある時点 i での資産等の量 X_i が成長率 a_i より

$$X_i = a_i X_{i-1} = a_i a_{i-1} \cdots a_1 X_0$$

と表されるとする．

$$\log X_n = \log a_n + \log a_{n-1} + \cdots + \log a_1 + \log X_0,$$

なので，成長率 a_i が独立な乱数ならば中心極限定理から $\log X_n$ が正規分布に従い，X_n は対数正規分布に従うのである．

---

[8] べき乗分布は両対数グラフの直線（1次関数）で表されるが，対数正規分布は両対数グラフの放物線（2次関数）あるいは横軸のみ対数の片対数グラフの正規分布で表される．対数正規分布のグラフの例は 4.3.2 も参照されたい．

他にも,

> ガラス棒やガラス板の破片の大きさ（長さや面積または質量）の分布,咀嚼した食片の大きさの分布,思春期前の児童の身長や体重の分布,老人病の介護期間の分布

にも,対数正規分布は良くフィットし [61, 62],半ば偶然の事象が積み重なった結果生じる点に現象の共通性が見て取れる.

　測定したデータが,べき乗分布か対数正規分布か？ どちらに従うのか,あるいはそれら以外なのか,より慎重に考える必要がある.どの部分を測定したかに関するサンプリングや,既知の分布関数で解釈するのが妥当かどうかに関する統計的検定の問題とも絡んで,今後さらに検討されるべきであろう.

第3章
空間上にネットワークを構築する

　本章では，空間上のネットワーク構築に関する代表的なモデルを紹介したい．これまで多くの研究ではノードの空間配置を，ある場所や方向には偏ってない一般論としての一様ランダムな分布か，あるいは解析に向いた規則的な格子で規定することが暗黙に仮定されていた．しかしながら，

―― ここに注目！ ――
> 現実のネットワークでは，ノードの空間分布は一様でも規則的でもどちらでもなく，経済的に不利な長距離リンクの頻度も少なくなるのは明らかである．

例えば，インターネットのルータレベル[1]のノードの空間分布は（インターネット普及率が低い発展途上国を除いた）地球上の人口密度に対応する[63]し，高速道路網や航空路線網におけるリンク長の分布では長距離リンクの頻度が低い[64]．ANAにおける飛行距離としてのリンク長の分布は，国内線では指数分布に，国際線を含めるとべき乗分布に近く，大多数は短いリンクで極少数が長いリンク（飛行距離）であること[65]も調べられている．

[1) ルータレベルの接続とは物理的な機器間のネットワークを指す．より上位の AS レベルとはネットワーク対象として異なる．AS は自律システムと呼ばれ，大学等の研究機関やプロバイダなど拠点ごとの塊をノードと捉えて，インターネットの接続関係を考える．

全国各地に支店をどこに配置してどのように相互連携を測るかなど，身近な話題も空間上のネットワークに関連する．そこで，

---- ここに注目！ ----

現実のネットワークのモデルのみならず近未来のネットワーク設計法を検討する上でも，こうしたノードの空間配置やリンク長の頻度を考慮して，空間上のネットワーク構築を考える必要がある．

地理的空間上の SF ネットワークに関するサーベイ [65] では，

(a) SF Networks with Disadvantaged Long-range Links

(b) SF Networks Embedded in Lattices

(c) Space-Filling Networks

に分類して構築法を説明した（図 3.1 も参照されたい）．このうち，(b) は d 次元格子上の各ノード i に予め与えられた分布 $P(k)$ に従って次数 k_i を割り当て，それぞれのノード i から $k_i^{1/d}$ に比例した半径内でノード $j \neq i$ にリンクするモデル [66, 67, 68] で，自己組織化とは言いがたい．

そこで以下では，3.1 上記 (a) における距離因子を付けた修正 BA モデル，3.2 上記 (c) における幾何学的構築法，3.3 最適化による構築法，3.4 リンク淘汰による構築法，について説明する．最適化による構築法は，ノード間の経路長（経路上のリンク長の和）やホップ数に関する評価基準を最小化（あるいは効率の最大化）するネットワーク構造を種々の方法[2]で求めるもので，ネットワークの生成原理として明示的ではないが，**評価の重み付けにしたがって近接結合による平面グラフや星型ネットワークなど典型的な構造が現れる点で重要**と考え，取り上げた．

---

[2] 最適化問題を，ランダムなリンク張り替えなどを通じたシミュレーテッド・アニーリングや遺伝的アルゴリズム [69, 70] 等で解く事が多い．これらは一般的な最適化問題の解法で，どのノード間をつなぐべきかに関して全体の組合せから効率良く解を探索するが，何らかのネットワーク生成原理に従うものではない．

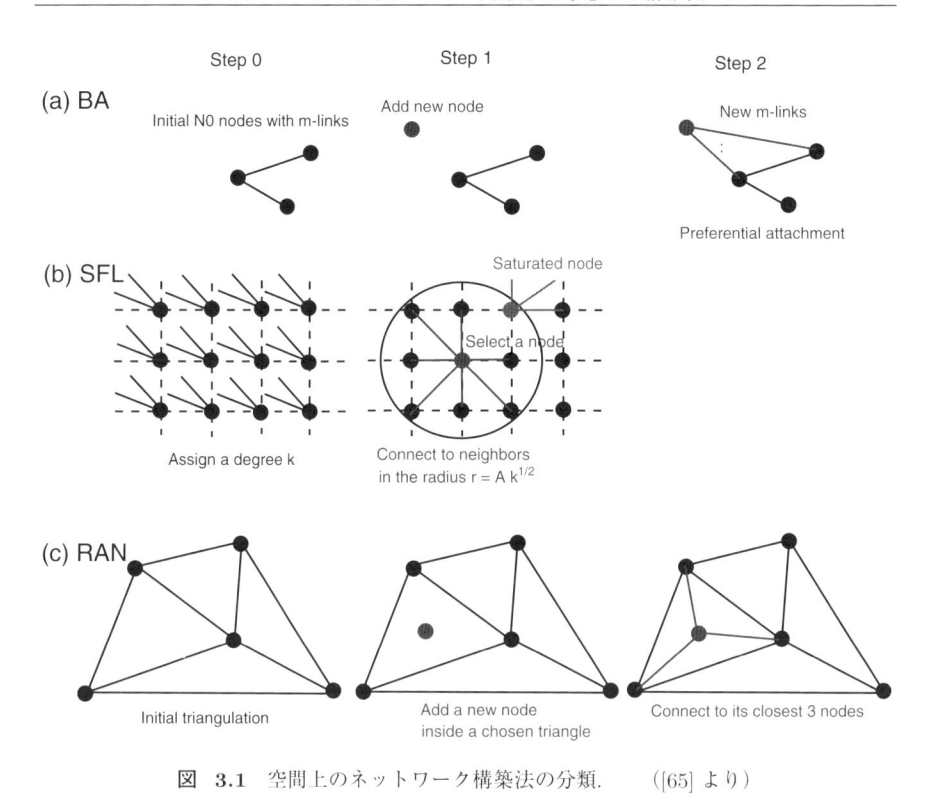

図 3.1 空間上のネットワーク構築法の分類. ([65] より)

§ 3.1
ランダム位置のノード間距離を考慮した構築法

3.1.1 距離因子を付けた修正 BA モデル

BA モデルにおける優先的選択に，次数のみならず距離や人口に関する因子を加えて，ノード j への選択確率 Π_j を以下のように修正する [71]．

$$\Pi_j \propto d_{ij}^{-\alpha} pop_j^{\beta} k_j^{\gamma}. \tag{3.1}$$

ここで，α, β, γ はパラメータ，pop_j はネットワークの既存ノード j に（最近接アクセス等の管轄領域内等で）割り当てられた人口，d_{ij} は新ノード i から既存ノード j への距離[3]をそれぞれ表す．α, β, γ のパラメータ値の大小にしたがって，新ノードから距離が近いノード，経済活性や利便性の高い人口密集地のノード，あるいは（ハブ経由で他とつながりやすい）次数が大きいノードなどへの結合のしやすさとして，さまざまな選択子やそれらの組合せが実現できる．

例えば，$\beta=0, \gamma=1$ のモデルで一様ランダムに 2 次元空間上にノードを配置した場合における，リンク長，次数，クラスタリング係数等の分布が数値的に調べられ [72, 73, 74]，$\alpha=0$ の SF ネットワークから $\alpha=\infty$ の河川ネットワークに似た最小木（最近接ノードとのみ結合）への変化が指摘されている [75]．図 3.2 (a) は人口に応じたノード配置の場合（第 4 章で説明する）における，$\alpha=\beta=\gamma=1$ の例を示す．背景の濃淡は人口に比例し（濃いほど人口が多い），人口が多い都市部にハブができている．修正 BA モデルにおいては，長距離リンクやリンクの交差ができやすい事，β や γ の値が大きいと人口密度が高い部分に巨大ハブができて通信などの際に大きな負荷がかかり易い事などが欠点となる．

3.1.2 地理的制約下のネットワーク成長

BA モデルと格子上の SF ネットワークを組合せたような，ユークリッド平面上のノード間のリンク形成に地理的制約を付与した，以下のモデルが考えられている [76]．次数分布を予め与えるのではなく，パラメータ $\beta, \gamma > 0$ の値に従った結合範囲に応じてハブの最大次数や個数，次数分布が変化する．

---

[3] ユークリッド距離が用いられる事が多いが，それに限らずマンハッタン距離などで定義してもよい．

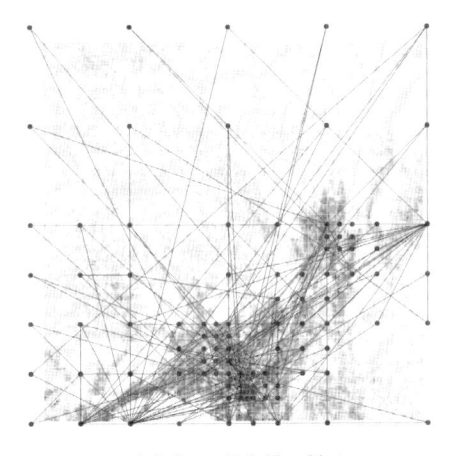

3.1 ランダム位置のノード間距離を考慮した構築法

(a) Geo. BA-like Net (b) Random Pseudofractal SF Net

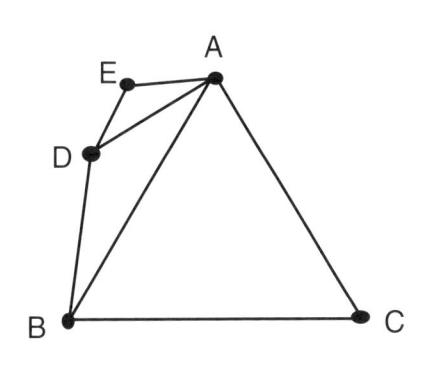

図 3.2 (a) 修正 BA モデルと (b) ランダム Pseudofractal SF モデル.

Step 0: 初期構成として，ランダムに m_0 個のノードを配置する．ただし，ノード間は互いに $r_{\min}$ 以上は離れるようにする．

Step 1: $t = 1, 2, 3, \ldots$ の毎時刻に，ネットワークの既存ノードをランダムに選び，そのノードから一様乱数で定めた半径 $r_{\min} < r < r_{\max}$ と出たら目な方向の位置に新ノードを 1 個追加する．新ノードから半径 $r_{\max}$ 内の既存ノードに次数の高い順に m_1 本までリンクする．
さらに，ランダムに選んだ既存ノード v から以下で定める半径 r_v 内のノードに次数の高い順に m_2 本リンクする．

$$r_v = r_{\max} + \beta k_v^{\gamma},$$

ここで，k_v はノード v の次数である．

Step 2: 所望のノード数（あるいは時刻）になるまで，Step 1 を繰り返す．

例えば，$\beta = 1, \gamma = 1.4$ では近接ノード間のみが結合した平面グラフが，$\beta = 2, \gamma = 4$ ではいくつかのハブが空間的に分散して互いに結合するネットワークが得られる．

§ 3.2
幾何学的な構築法

本節で扱う幾何学的な構築法では，ネットワークは平面に埋め込まれ，リンクの交差は存在しない．この平面性は，無線通信網において電波干渉が避けられる点でも都合がよい．

以下，三角形の分割や図 3.2 (b) のようなリンクの拡張（辺 AB の外側に新ノード D を配置して両端ノード AB と結合する等）に基づく幾何学的な操作によって，ノードの配置が大凡定まり，一様ランダムな配置にはならない点に注意しよう．

3.2.1 Random Appolonian (RA)

まず，決定論の Apollonian ネットワークについて説明する．ある多角形を三角分割した初期構成から，毎時刻ごとに全ての三角形の内部に新ノードを1個ずつ挿入してそれぞれの三角形の各ノードと内部に挿入された新ノードがリンクすることを再帰的に繰り返す．すると，これは SF ネットワークでなおかつ階層的なフラクタル構造となる．互いに接する円（または球）の隙間に順に小さな円が接するように挿入して埋めていく空間充填構造に対応させると [77]，Descartes の円定理とも関連する [78]．ただし，空間充填構造に対応させた場合，隙間は極端に小さくなっていくので，ノードが密集しすぎた非現実的な配置となってしまう．

一方，同様な三角分割の初期構成から図 3.1 (c) のように，毎時刻ごとにランダムにある 1 つの三角形を選んで，その内部に新ノードを挿入して，選択された三角形の各ノードとリンクしていくことを繰り返す．ランダム Apollonian (RA) ネットワークも考えられている [77, 79]．各ノードに新たにリンクが加わる確率は，そのノードに接する三角形の数，すなわち，それらを構成する辺の数に比例し，結局それは各ノードの次数に比例することに気づけば[4]，BA モデ

---

[4] あるノードから放射状に出た三角形の各辺は，それぞれの辺の中点付近から右回り（あるいは左回り）の側に存在する三角形の面に一対一に対応づけられる．

ル [48] と同様な優先的選択を実行していることがわかる.

　以下，べき乗分布を導く．時刻 $t = N$ における次数 k のノードの個数を $n(k, N)$ と，またその時の三角形の個数を $N_\triangle$ と表記する．毎時刻にランダムにある三角形が選ばれることで，次の時刻で次数 $k + 1$ になるノードの個数 $n(k + 1, N + 1)$ は，

$$n(k+1, N+1) = \frac{k}{N_\triangle}n(k, N) + \left(1 - \frac{k+1}{N_\triangle}\right)n(k+1, N) \quad (3.2)$$

となる．ここで，右辺第 1 項は次数 k のノードにリンクが 1 本追加される期待値を，右辺第 2 項は次数 $k + 1$ のノードにリンクが追加されずに残る期待値をそれぞれ表す．N が十分大きければ初期構成の影響は無視できるので，次数 k のノードの存在頻度 $P(k) \approx n(k, N)/N$ を用いて式 (3.2) を書き直すと，

$$(N+1)P(k+1) = \frac{NkP(k)}{N_\triangle} + NP(k+1) - \frac{N(k+1)P(k+1)}{N_\triangle} \quad (3.3)$$

を得る．式 (3.3) を整理した

$$k(P(k+1) - P(k)) + \frac{N + N_\triangle}{N}P(k) = 0$$

から，k について連続近似した微分方程式

$$k\frac{dP}{dk} = -\gamma_{RA}P \quad (3.4)$$

を変数分離法 [80] で解く．ただし，$\gamma_{RA} = (N_\triangle + N)/N$ とおいた．すなわち，式 (3.4) の両辺に $dk/(Pk)$ をかけて積分すると

$$\int \frac{dP}{P} = -\gamma_{RA} \int \frac{dk}{k}$$

となり，両辺の積分は対数関数となるので積分定数 C を用いて，

$$\log P = -\gamma_{RA} \log k + C = \log k^{-\gamma_{RA}} + C,$$

より，$P(k) \sim k^{-\gamma_{RA}}$ を得る．初期構成の三角形数を $N_{\triangle 0}$ として，毎時刻ごとに選ばれた三角形が細分される（全体の三角形の数は 1 つ減り 3 つ増える）の

で，時刻 $t = N$ では $N_\triangle = N_{\triangle 0} + 2N$ となるが，十分大きな $N \gg N_{\triangle 0}$ に対しては，べき指数は $\gamma_{RA} \approx 3$ となる．

このように RA ネットワークは SF 構造となる．また，**ノードの配置にも疎密構造が自然に生じる**．しかしながら，三角分割を繰り返すほど，鋭角的なつぶれた三角形ができやすくなり，**長距離リンクも含まれてしまうことが欠点**となる．

3.2.2 Pseudofractal SF

三角形の面内にノードを追加するのではなく，図 3.2 (b) のように，選んだリンクの外側に新ノードを追加してそのリンクの両端に結合して拡張していく Pseudofractal SF ネットワークも提案されている．三角形の初期構成から決定論で各リンクの外側に追加される Dorogovtsev-Goltsev-Mendes (DGM) モデル [81]，毎時刻にランダムに 1 つのリンクを選ぶモデル [82, 83]，DGM モデルを含み各リンクがホップ数 u と v の 2 つのパスに分かれるよう一般化された階層的モデル [84] があり，SF 性を示すべき乗次数分布などが解析されている．

他にも図 3.3 のように，Sierpinski ガスケットにおけるリンク a-h の接触関係を，ノード A-H の結合関係にマッピングさせた Sierpinski ネットワーク [85] が提案されている．これも SF かつ SW なネットワークとなる．ただし，外側へのリンク拡張を含めたこれらのモデルにおいても，鋭角的なつぶれた三角形による長距離リンクの問題は避けられない．結局，RA ネットワークと同様に，再帰的なリンク拡張[5]がノードの優先的選択を非明示的に実行することに相当して，しかも古株ノードがハブになり易い点も BA モデルと変わらない．

§ 3.3
最適化による構築法

まず，最適化や最適性について触れておこう．最適化とは，

---

[5] ランダムなリンクの選択はリンク端のノードにとっては次数に比例した選択となる．

3.3 最適化による構築法

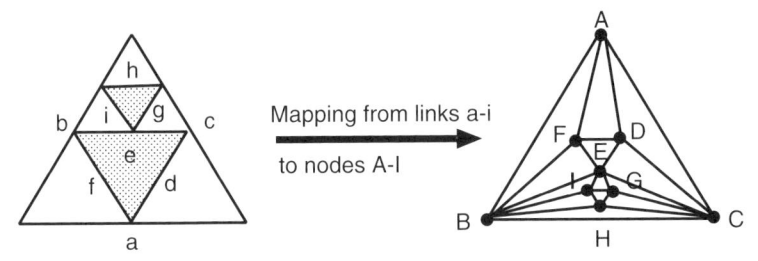

From a random Sierpinski gasket to the correspondig Sierpinski Net

図 3.3 Sierpinski ネットワーク [71]．(Y. Hayashi 他 PRE **82** 2010 ⓒAmerical Physics Society より）

限られた資源や時間のもとで，ある評価基準にしたがった価値の最
大化あるいは損失の最小化をする解をみつけること

であって，その最大化や最小化を満たす性質のことを最適性と呼ぶ．例えば，名古屋から東京への往復旅行をしたいとき，移動時間を最小にしたいなら新幹線を利用するだろう．しかし，ちょうど1万円にしたい（等式制約）とか3万円以内に納めたい（不等式制約）とか，予算に制約があれば別の移動手段（解）を探さないといけない．一方で，休みがとれる3日間中に戻ってくるなど時間の制約もあるかも知れない．あるいは，沿線グルメを満喫したり，帰りに海で夕陽が見たいなど，時間以外の価値を重視するなら高速道路を使う方が良い場合もある．このように，評価基準や制約条件に応じて最適な解は変化する．

SFネットワークの最適性を最初に議論した研究として，文献 [86] を紹介しよう．総リンク数で定義された経済性 $\rho \stackrel{\text{def}}{=} |E|$ とノード間の最小ホップ数の経路和で定義された距離負荷 $d \stackrel{\text{def}}{=} \sum_{i,j} L_{ij}$ をパラメータ $0 < \lambda < 1$ で重み付けた評価関数 $f = \lambda d + (1-\lambda)\rho$ を最小化するよう，ランダムにノード間のリンクを変化させたネットワークから解を探す．ここで，$|E|$ はリンク集合 E の要素数で，つまり総リンク数を表し，L_{ij} はノード i と j をつなぐネットワーク上の経路で無駄な大回りをしない最小なホップ数（それらを中継するノードの数+1）をそれぞれ表す．

$\lambda \to 0$ では経済性を重視して少ないリンク数で連結するランダム木が，$\lambda \to 1$

では総リンク数が多くなっても距離負荷を重視して星型ネットワークや完全グラフが[6]，さらにそれらの中間的な λ の値でSF構造が現れることが数値実験より示されている．したがって，この意味の重み付け $0 < \lambda < 1$ における経済性と距離負荷の両基準から，SFネットワークは最適な構造と言える．

以下，いくつかの代表的な評価基準に従って生成される典型的なネットワーク構造について述べる．

3.3.1 Optimal Traffic Tree (OTT)

一様ランダムなノード配置で木構造を考え，与えられた総フロー量 T の下でコスト f を最小化するネットワークを求める [87]．それらを定式化すると次のようになる．

$$\text{最小化} \quad f \stackrel{\text{def}}{=} \sum_e b_e w_e = \sum_e b_e \frac{l_e}{t_e}, \tag{3.5}$$

$$\text{条件} \quad \sum_e t_e = T \Leftrightarrow g \stackrel{\text{def}}{=} T - \sum_e t_e = 0. \tag{3.6}$$

ここで，t_e は各リンク e のフロー量，l_e はそのリンク長，b_e は（最小ホップの経路がリンク e を通る頻度で定義される）リンクの媒介中心性，$w_e = l_e/t_e$ は重み[7]をそれぞれ表す．どのノード間をつなぐかによって，これらの量は変る事に注意しよう．

連続変数の制約付き最適化問題を解く常套手段である未定乗数法[8]より，

$$F = f - \lambda g,$$

---

[6] 星形ネットワークでは中心ノードから他のノードへは1ホップで，中心以外のノード間は中心ノードを経由して2ホップで到達できる．完全グラフでは任意のノード間が1ホップで到達できる．

[7] 例えば，距離 l_e に比例した輸送コストがかかるとしても，t_e 個の荷物を同時に運べば，1個当りのコストは l_e/t_e で換算できる．

[8] Lagrange 未定乗数法 [88] は，力学における仮想仕事の原理あるいは最小作用の原理 [89] に由来する．例えば，摩擦の無い滑らかな斜面上を物体がすべり落ちる時，（未知量である）斜面からの効力は仕事すなわちエネルギー消費をしないし，斜面を離れる余分な運動もしない．

とおいて問題を変形する．式 (3.5) の最小化の極値条件に相当する

$$\frac{\partial F}{\partial t_e} = -\frac{b_e l_e}{t_e^2} + \lambda = 0,$$

と，λ はリンク e に依存しない定数であることから，$t_e \propto \sqrt{b_e l_e}$ を得る．さらに，$\partial F/\partial \lambda = 0$ と等価な制約式 (3.6) から，

$$t_e = \frac{T\sqrt{b_e l_e}}{\sum_e \sqrt{b_e l_e}} \tag{3.7}$$

を得る．式 (3.7) を式 (3.5) に代入して整理すると，

$$F = \frac{1}{T}\left(\sum_e \sqrt{b_e l_e}\right)^2,$$

となり，制約条件のない $\sum_e \sqrt{b_e l_e}$ の最小化問題に帰着する．

パラメータ $\mu, \nu > 0$ でより一般化した

$$f = \sum_e b_e^\mu l_e^\nu, \tag{3.8}$$

を考えると，$\mu = 0, \nu = 1$ で近接結合による最小木，$\mu = 1/2, \nu = 1/2$ で上記の OTT，$\mu = 1, \nu = 0$ では媒介中心性の和のみを最小化させる星型ネットワークとなる．

3.3.2 空間配置を含めた最適設計

Voronoi セル内 [88, 90] の人口にしたがって p-メディアン最適化 [91] でノードの空間配置を定め，評価関数

$$Z \stackrel{\text{def}}{=} \sum_{i<j} w_{ij} \tilde{L}_{ij}$$

と総リンク長 $L \stackrel{\text{def}}{=} \sum_{i<j} A_{ij} L_{ij}$ との和 $L + \gamma Z$ を最小化するノード i-j 間のリンクの組合せを求める [92]．$\gamma > 0$，A_{ij} は隣接行列の i-j 成分である．その際，

w_{ij} はノード i と j の Voronoi セル内の人口の積とし，最短距離の経路長 L_{ij} をパラメータ $0 \leq \delta \leq 1$ で重み付けた

$$\tilde{L}_{ij} = (1-\delta)L_{ij} + \delta, \tag{3.9}$$

を考える．右辺第 2 項はノードにおけるパケット経由コストに相当する．

例えば，$p = 200$ ノード，$\gamma = 10^{-14}$ で，$\delta = 0$ から $\delta = 1$ の値の変化にしたがって，

―― ここに注目！――

距離重視による近接ノードが結合した平面グラフから経由ノードを少なくするホップ数重視による星型ネットワークが現れる（図 3.4 参照）．

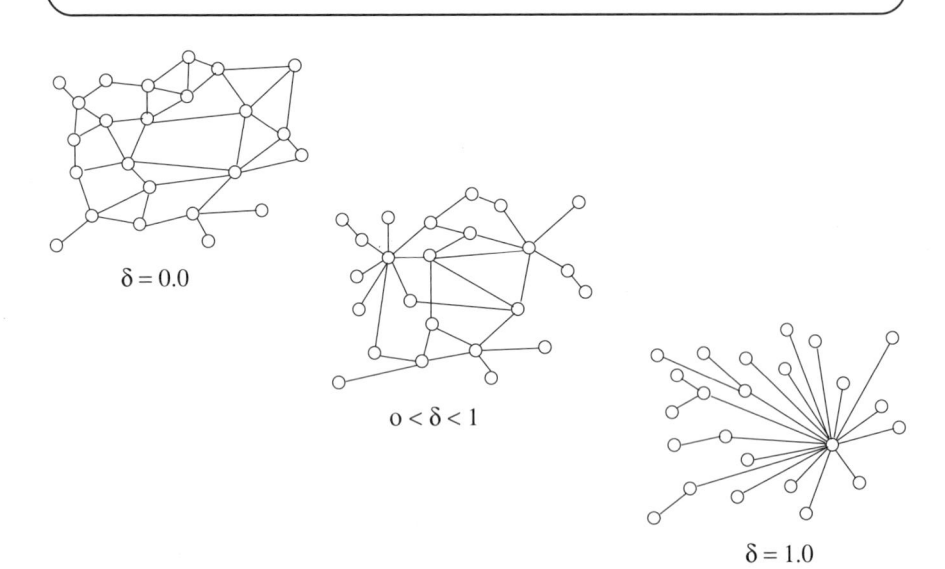

図 **3.4** 最適化基準に応じたネットワーク構造．(文献 [92] から摸式図化)

§ 3.4
粘菌のようなリンク淘汰による構築法

アメーバ状生物である粘菌は，自身の触手を広げて餌（栄養分）を探し，餌を運ぶ管を太くする一方，運ばない管は淘汰させて森の樹木や地面の上にネットワークを形成する．

―― ここに注目！ ――
このような淘汰原理は，人や獣の足跡が作る道にも潜んでいて [93]，自己組織化メカニズムとして共通性がある．

粘菌ネットワークの数理モデルとして以下が考えられている [94].

$$Q_{ij} = \frac{w_{ij}(p_i - p_j)}{l_{ij}}, \tag{3.10}$$

$$\frac{dw_{ij}}{dt} = f(Q_{ij}) - w_{ij}, \tag{3.11}$$

ここで，Q_{ij} はノード i-j 間の栄養素の流量，l_{ij} はそれらのリンク長で w_{ij} は管の太さに相当する流し易さの重み，p_i と p_j は餌の空間分布に依存したそれぞれのノードの輸送圧力，f は発散を防ぐ S 字関数：$f(x) = x^\gamma/(1+x^\gamma), \gamma > 0$，である．

式 (3.11) の右辺第 1 項は流量に応じて重みが増大して式 (3.10) における流れを促進する項，第 2 項は流れない管の重みを減少させて淘汰する項をそれぞれ表す．地図上の主要駅に餌を配置させたシミュレーションでは，平面上の近接ノード間をつないだ鉄道網に似た効率的なネットワークが形成されている [94].

上記をもう少し一般的に捉えると，ネットワーク形成とそのネットワーク上のフロー（粘菌の場合は栄養分の輸送）が相互に関連した構築法と考えられ，カップリング・ダイナミクスのモデルに分類される．

他のカップリング・ダイナミクスとして，図 3.5 左のように，流れたリンクだけでなく転送先ノード t に隣接するリンクの重みも +1 だけ強化してハブ創出を促すモデル [95] が考えられていて，重みの減衰と次数比例に関するパラメータに依存した，ランダムグラフと SF ネットワークの相転移が報告されている．また，図 3.5 右のように，フローの経路上で順にショートカットを施すモデル [96] も提案されている（初期構成が 1 次元鎖では準完全グラフが，2 次元格子では SF ネットワークが創出）．ただ，これらのモデルではいずれも，**ハブへの (通信や輸送のフロー量としての) トラフィックが集中して負荷が問題となるのは明らかである**．また，ノードの空間配置を予め考慮している訳ではなく，リンク交差が生じやすい点も望ましくない．

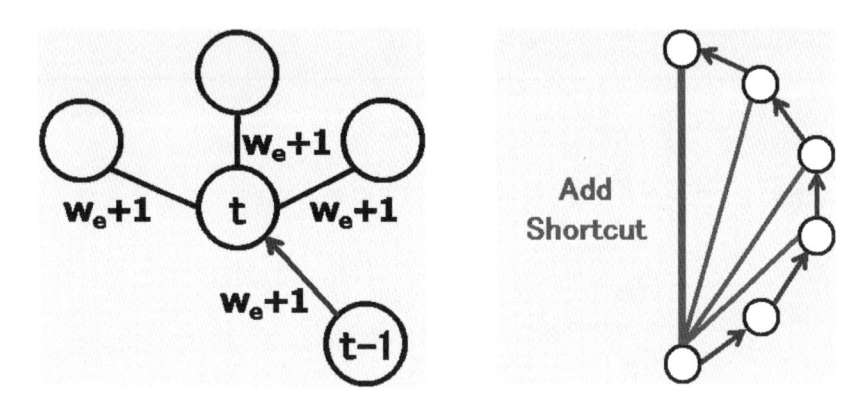

図 **3.5** カップリング・ダイナミクスのモデル [95, 96]．

そこで，平面に埋め込まれ，リンク淘汰で形成されるネットワークモデル [97] を紹介する．**淘汰メカニズムの本質は，フロー量に応じてリンクの重みが増減する事**と考えられるので，粘菌の数理モデル (3.10) (3.11) よりも単純な ±1 の重み更新とした点に注意しよう．

まず初期構成として，総ノード数 N_0 個分の各ノードを空間的偏りのない一様ランダムに配置し，各ノードが半径 A の一定の電波到達範囲内で他ノードと結合する Unit Disc Graph (UDG) [98] を考える（図 3.6 左）．最初はごく近くのノードのみと部分的につながった孤立した島領域が点在する状態から，半径

A の値を大きくすると電波到達範囲が広がって互いに通信可能なノードのペアが大部分を占める状態となって，図 3.6 右のように，連結成分の大きさに相転移が生じる [99, 100]．以下，$A = 2$ とする．

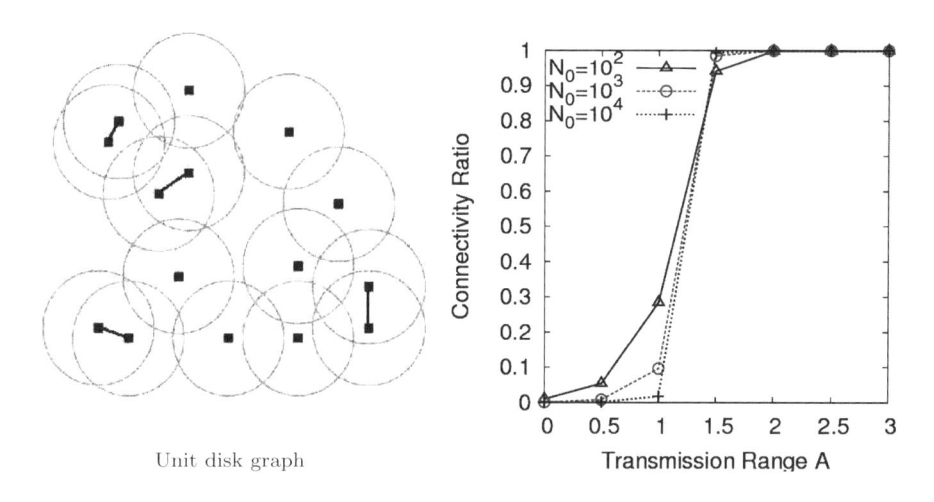

図 3.6 UDG（左）と半径 A に応じた連結度（右）[97]．(Y. Hayashi 他 Physica A **391** 2012 ⓒElsevier Publicher より)

ところで通常よく用いられるが，ノードの組合せで通信要求を定義すると，全てのノードが均一に選ばれて現実的な問題設定とならない[9]．そこで，人口分布[10]に基づいて，パケットの送信元 s と受信先 t の発生頻度を，各メッシュから最近接ノードに割当てられた空間的に非一様な人口に比例した確率で定義する．それらの確率にしたがって，N_T を時刻 T における（UDG からリンク淘汰で得られた LS と呼ぶ）ネットワークの総ノード数として，毎時刻ステップごと全体で $R = 0.1 \times N_T$ 個のパケットを発生させる．

また，図 3.7 左のように，各パケットが存在するノード u の隣接ノード v や w と受信先 t のみに関する局所情報だけで経路を決める[11]貪欲ルーティング

---

[9] ノードの組合せで通信要求を考えるのは，人口データ等に依存した偏りが無い中立的な場合を分析するための理論上の設定という点では妥当とも考えられる．ノードごとに非均一な通信要求に関しては第 4 章でも扱う．

[10] 日本統計局の地域メッシュデータを用いた．80 km 四方内を 160×160 に分割した，500 m 四方の各メッシュに人口数が付与されている．第 4 章でも同様な人口データを用いる．

[11] 局所情報のみで経路が決まるのは，リンク淘汰でネットワーク構造が変化するアドホックな状

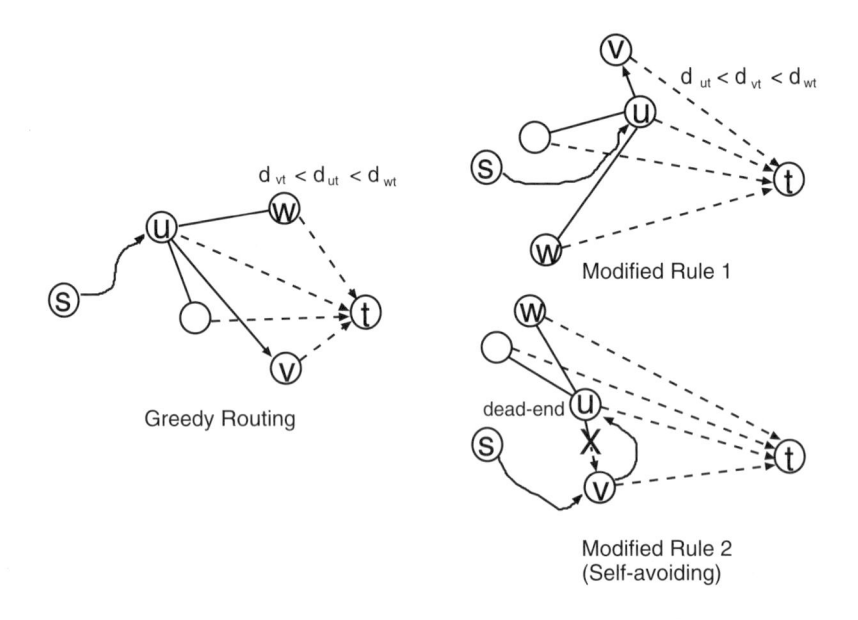

図 3.7 貪欲ルーティング：送信元 s から現時点で u までパケットが移動した時, u の隣接ノード v や w の中で受信先 t との距離が最も短いノードに送る. 右は行き止まりや（無限）ループを避ける為の処置 [97]. （Y. Hayashi 他 Physica A **391** 2012 ⓒElsevier Publicher より）

[101] を用いる．ただし，図 3.7 右のように，現時点の u より受信先 t に近い隣接ノードが無い場合でも行き止まりとせずに出来るだけ近い隣接ノードに送る処置や，パケットごと一度訪問したノードには転送せずループを避ける処置を加える．単純化のためにノードやリンクに処理許容量を設けず，各パケットは互いに干渉せず独立に処理されて，受信先 t に届いた送信完了時あるいは隣接ノードが全て訪問された転送不能時に消滅するものとする．

上記を与えられた回数繰り返し，途中で重みが $w_{ij}=0$ になった時，冗長なリンク e_{ij} は除去され，それによって孤立したノードも除去されるものとする．UDG にリンク淘汰を施した LS, LS の総リンク数に対してある割合のショートカットリンクを加えた PR と RS の以下の 3 つを考える.

況からも望ましい．一方，インターネットの TCP/IP プロトコルにおける，全域的なルーティング表を用いるとしたら表の再計算が膨大となる．

Link Survival (LS) 貪欲ルーティングによってリンク e_{ij} をパケットが通過したら重み増加：$w_{ij} \to w_{ij} + 1$，
また各リンクが確率 $p_d = 0.1$ で重み減少：$w_{ij} \to w_{ij} - 1$，
この重み更新を $T = 3 \times 10^4$ 回まで繰り返す．

Path Reinforcement (PR) T ステップのリンク淘汰後，パケット転送とリンク重み更新を続けながら，生き残った LS ネットワークにその総リンク数の 10％から 30％のショートカットを以下のように付加する．
ランダムに選んだパケットの宿主ノードと，それが訪れた経路上でランダムに選んだノードとの間に，ショートカットを付加して経路を強化する．

Random Shortcut (RS) パケットの存在位置とは無関係に一様ランダムに2つのノードを選んで，生き残った LS ネットワーク上で総リンク数の 10％から 30％の本数分のショートカットをそれらの間に付加する．

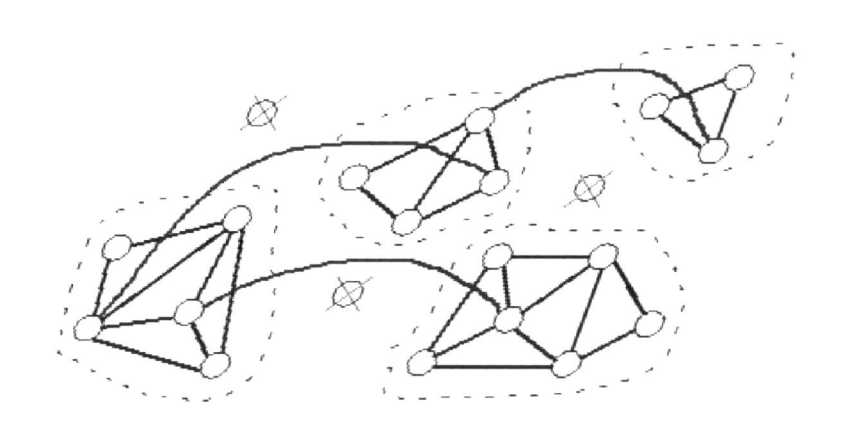

図 **3.8** ショートカットの橋渡しによる結合耐性の強化．([17] より)

ショートカットを加えるのは，淘汰で得られた LS は貪欲ルーティングにより比較的短いリンクで構成された平面グラフに近くなることから，ノードの故障や攻撃によって孤立した島領域が出来やすい点を，ショートカットで島領域

を橋渡して結合耐性を強化するためである．図 3.8 は島領域の分断をショートカットが抑えている様子を模式的に示している．数十 % 程度のランダムノード間のショートカット追加による頑健性の大幅な向上は，AS レベルのインターネットや RA ネットワーク [102, 103]，第 5 章で議論する Multi-Scale Quatered (MSQ) ネットワーク [104]，などの数値実験でも確認されている．組織論の立場からも，こうした**ショートカットの「遠距離交際」としての重要性**が，中国温州人の世界的な経済ネットワークの形成や，自動車製造サプライチェーンにおける大火災からの早期復旧のケーススタディから指摘されている [105]．

―――― ここに注目！ ――――

温州人が海外で商売を始めてうまく軌道に乗り始めたら，家族や親戚あるいは知人をその異国に呼んで生活するようになり，そうした（近接ノード間の結合に相当する）近所づきあいのコミュニティが各国に形成される．すると，元々は家族や知人だったので異国間でも連絡を取り合い（ショートカットでつながって）自然に世界規模の効率的な経済ネットワークが出来る．サプライチェーンの例では，日頃は直接関係する取引相手ではなかった人々が，大火災工場のそこでしか製造してない部品の製造工程を（遠距離交際的に数少ない）別件で見た事があったため，それを見よう見まねで再現して部品在庫のない製造ラインの早期復旧に漕ぎ着けた．

シリコンバレーの IT 技術と中国やインドにおける現地 IT ビジネスの成功をつなぐのにも，「遠距離交際と近所づきあい」の人脈が重要な鍵となったと考えられている [106]．ただし，ネットワークの頑健性や通信効率を向上させるために，どの部分をどの程度の本数のショートカットでつなぐべきか？　に関しては未だ解明されていない．

　図 3.9 にそれぞれの可視化例を示す（背景の濃淡は人口密度を表して右上が名古屋を中央付近が四日市や鈴鹿を示し，黒丸の大きさはノードの次数に比例）．UDG における冗長なリンクが LS で淘汰されてるのが分かる．特に，人口の少ない白っぽい領域のリンクやノードが無くなる一方，右上の都市部にはノードとリンクが高密度のまま残っている．また，RS のランダムなショートカットが，PR では（貪欲ルーティングは遠回りをしないので）通信要求が多い領域間を

直線的につなぐショートカットが形成されている．ちなみに，これらのネットワークにおける平均次数は $\langle k \rangle = 5 \sim 6$ 程度，総ノード数で定義されるサイズは $N_T = 10^4$，最大次数は $k_{\max} = 20 \sim 35$ 程度，貪欲ルーティングの（受信先 t への）到達率は 90 ％以上である．

UDG LS

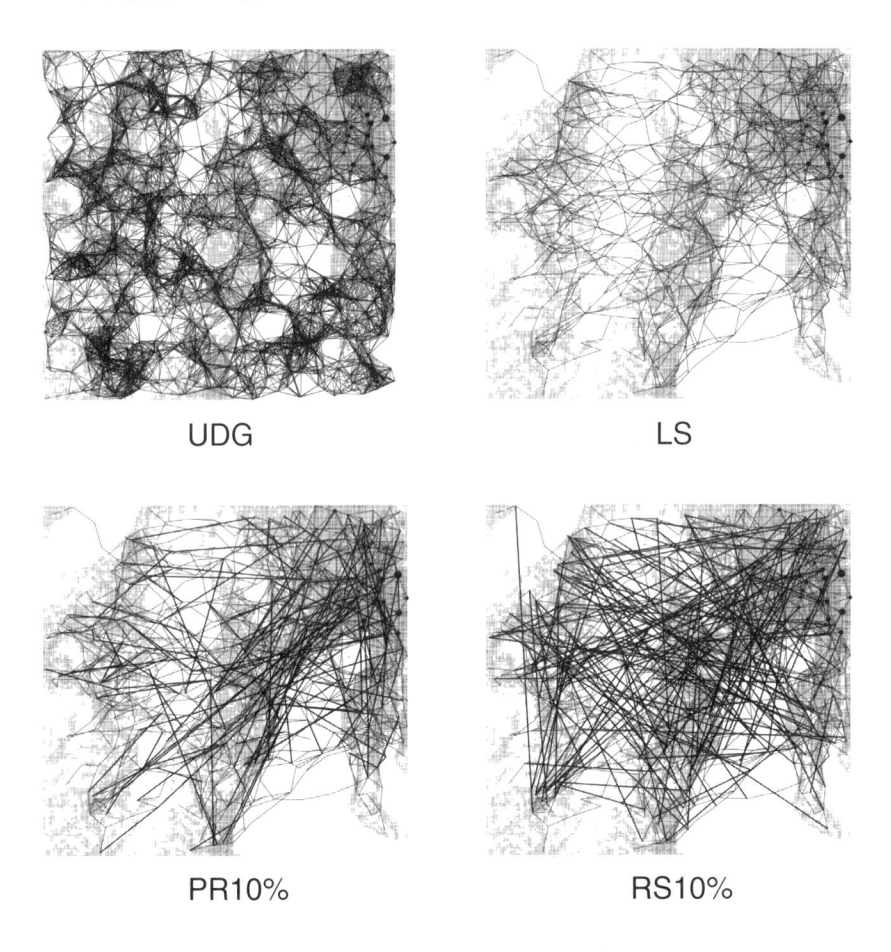

PR10% RS10%

図 3.9 UDG, LS, PR, RS の可視化例 [97]．(Y. Hayashi 他 Physica A **391** 2012 ⓒElsevier Publicher より)

図 3.10 は，経路の平均ホップ数を示し，近接ノード間をつないだ平面グラフである LS の $O(\sqrt{N_T})$ 特性から，10％のショートカット追加で既に $O(\log N_T)$ の

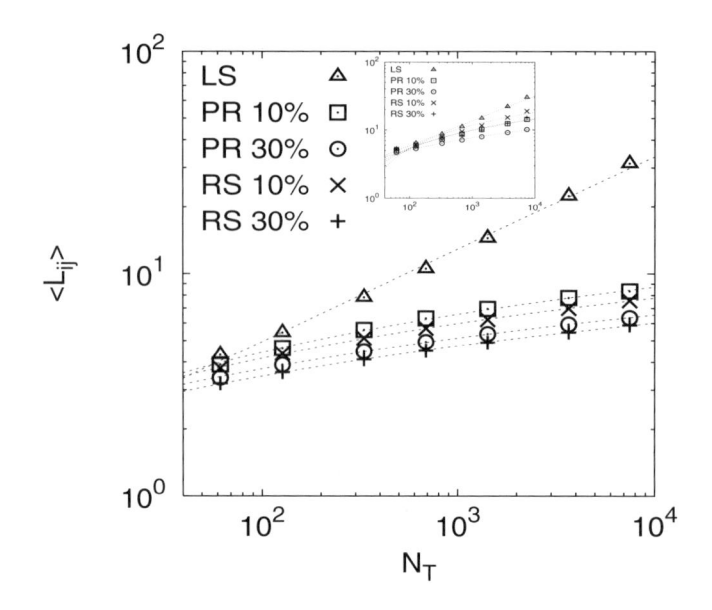

図 3.10 ネットワークサイズ（総ノード数）N_T に対する最小ホップ経路の平均ホップ数 $\langle L_{ij} \rangle$．挿入図は貪欲ルーティングの平均ホップ数を示す [97]．(Y. Hayashi 他 Physica A **391** 2012 ⓒElsevier Publicher より）

SW 性が得られることが見て取れる．挿入図の貪欲ルーティングでは若干ホップ数が増えるが，同様の特性が得られている．

さらに，これら数十 % 程度のショートカット追加で，最大連結成分が崩壊するノード除去率の臨界値 f_c で定義した頑健性（結合耐性）[12]がランダム故障では f_c が 0.6 から 0.8 に，次数順のハブ攻撃では f_c が 0.4 から 0.6 に向上する [97]．

[12) ノード除去率が大きくなるにしたがってネットワークは分断され，複数ノードがリンクでつながった連結成分が孤立クラスターとしていくつか出現する．そのクラスター内に最も多くのノードを含むものを最大連結成分 GC: Giant Component と呼ぶ．ノード除去率の臨界値 f_c は，GC が崩壊することで GC 以外の孤立クラスターの平均サイズ $\langle s \rangle$ がピーク値をとる時で定まる．その数値シミュレーションにおける工夫については 6.4 節で触れる．

§ 3.5
文献と，関連する話題

 幾何学的な構築法において，決定論の Apollonian ネットワークに関する理論解析は多々存在する [107, 108, 109, 110, 111, 112, 113, 114]．また，2 次元平面上の三角形分割を高次元に拡張したモデルも議論されている [115]．さらに階層的な SF ネットワークのモデルも種々提案されている（例えば [42, 41] を参照されたい）．一般に，規則的な再帰手続きに基づく決定論のモデルは解析には適しているものの，毎時刻に全ての面やリンクに分割や拡張が施される点で制約が強く，工学的応用には向いてない．

 最適化に関しては，通信効率や負荷分散などの応用目的に応じて，さまざまな評価基準の重み付き組合せが考えられる．隣接ノードでの多数決投票やグラフのラプラシアンに基づく拡散伝搬の収束速度等を考慮したそれぞれの評価基準で生成されやすいネットワーク構造を議論した研究がある [116]．総リンク数が一定の条件下でグラビティモデルのフロー量を最大化するもの [117]，最小ホップ数の経路の平均ホップ数と平均リンク長の重み付き和を最小化するもの [118]，その経路の平均ホップ数とラプラシアンの最大固有値の重み付き和を最小化するもの [119] なども議論されている．異なる評価基準の和でなく比でトレードオフを扱い，半径 r 内の局所的な最適化を行う道路網の成長モデル[13]では，r の大小に応じた一極集中と多数点在したノード密集地が創発する [120]．さらに，渋滞を避ける為のコストを考えて，高々ホップ数 2 の短い経路で構成される星型ネットワークから，都市道路網のように，中心のハブへの過度の負荷を軽減させる環状迂回路の創発を解析したモデルもある [121, 122]．

 ネットワーク構築とネットワーク上のフローが相互に関連するカップリング・

---

[13]毎時刻 t に追加される $N \sim t^\lambda$ 個のランダム位置の新ノードの中で，各新ノードから半径 r 内の既存ノード j の次数の和で定義される効用が最大になる新ノード i をその時点の都市中心とする（λ の値は小）．都市中心 i は，他ノード j のうちで距離 d_{ij} と次数 k_j の比 d_{ij}/k_j^α が最小のノードと結合する．ここまでは木構造であるが，都市中心に対してある一定値の確率 P_l で平面グラフ上のループ形成として，(i と k をそれぞれ中心とした半径 d_{ik} の円の交差部分に他のノードが無ければ結合する）相対近傍結合と（d_{ij} に比べて長過ぎない辺 e_{ik} と $e_{ik'}$ がほぼ直交する）長方形を追加する．これらの処理を繰り返す．

ダイナミクスに関しては，理論解析がより難しくなるためか研究成果は少ないものの，コミュニティサイズの相転移を伴うネットワーク形成と意見拡散の共進化 [123, 124]，反応拡散と結び付いたリンク張り替えによるネットワーク構造の変化 [125]，都市道路網の形成モデル [126] などがある．こうしたモデルが支店立地や都市空間の研究 [127, 128, 129] と，どのように結び付くか今後の進展に期待したい．粘菌が触手を広げたり切断部分を自己再生させたりするメカニズムは未だよく分かってないが，収縮リズムの関与などが考えられている [130]．自己再生は，1.5 節でふれたヒトデに例えた分散型組織の長所の 1 つでもある．

　ネットワーク上のフローでノードやリンクに処理許容量がある場合は，許容量を越えたノードやリンクを迂回する流れが別の箇所の許容量を超過させて機能不全箇所が伝播していく 1.3 節で述べたカスケード故障 [131, 132] や，渋滞箇所を避けるルーティング戦略 [133] など，より複雑な状況を考慮する必要性が生じる．こうした連鎖被害では，故障や攻撃などを免れてノードやリンクが正常だったとしても許容量を越えると機能しなくなるので，連結成分の頑健性よりも厳しく深刻な事態が起きうる．現実の多くのネットワークが持つ SF 構造の脆弱さにさらに拍車がかかる．

　一方，ネットワーク科学の研究分野において貪欲ルーティングとも関連した，局所情報のみによる分散ルーティングのサーベイおよび，非均一な通信要求やバックボーン階層などの問題提起に関しては，オンライン書籍　『Networks — Emerging Topics in Computer Science』の 4 章 [134] を参照されたい．無線通信網の現状のアドホックルーティングについては [135] がよく整理されていて役に立つだろう．

コラム3：Apolloniusの円と和算における算額

3.2.1で述べたRAネットワークの生成は，図 3.11のようにApolloniusの円と呼ばれる空間充填構造に対応する[14]．以下の定理により，初期構成の三角形に対応する3個の円から，半径 $r_4, r_5, \ldots$ が順に求められる．

> Descartesの円定理 [78]: 半径 r_1, r_2, r_3 の互いに外接する3個の円全てに外接する円の半径 r_4 は以下で与えられる．

$$r_4 = \frac{r_1 r_2 r_3}{r_1 r_2 + r_2 r_3 + r_3 r_1 + 2\sqrt{r_1 r_2 r_3 (r_1 + r_2 + r_3)}}$$

この問題は，紀元前3世紀にApolloniusが解き，1643年にDescartesがボヘミヤ国王の娘Elizabeth王女宛の手紙でこれを取り上げたことで，Descartesの円定理 [78, 136, 137] として広く知られるようになった [137]．美しい定理は王女様へのプレゼントなのか，何ともロマンチックでもある．

一方，この問題は日本でも和算における算額にて扱われている [136, 138]．算額とは数学の問題とその解法や解答が書かれた絵馬のことで，数学の難問が解けたことや，今後の数学の上達などを祈願して，算額を神社仏閣に掲げることを算額奉納と呼ぶ [138] そうである．江戸時代，人々は社会経済的には今よりも貧しかったかも知れないが，あくせく働くだけの日々に終始せず，知的好奇心に満ちた「時」も満喫していたのだろう．我々も，自分や目先の利益だけを考えて科学技術に目を向けるのではなく，こうした将来への発展も胸に抱きながら，努力を続けていきたいと思う．

---

[14] 元々の考え方としてRAネットワークでは，分割する三角形内の任意の位置に新ノードを追加できるが，Apolloniusの円に対応させた場合は新ノードはある種の特別な位置にセットすることになる．

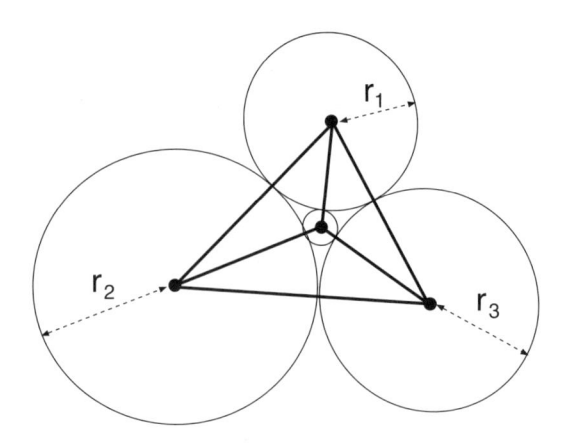

図 3.11 RA ネットの三角形と Apollonius の円.

第4章
面の分割を繰り返す自己組織化

　本章では，再帰的面分割に基づくネットワーク構築法について述べる．人口分布等にしたがったノードの空間配置と同時に，ノード間のリンクも形成されてネットワークが自己組織化される点を強調したい．

　ネットワークの議論から少し離れれば，ノード点の空間配置を研究する分野に空間統計学の点過程 [139, 140] がある．点過程は，Poisson 分布や Gibbs 分布の重ね合わせで，降雨や生物種の空間分布におけるランダムなクラスタ化や縄張り競合の統計的パラメータ推定を行う数学モデルとして用いられている．ただし，本章で扱う主要な点は，Voronoi 分割 [141] やひび割れパターンのモデル [142] などと異なり，**人口分布に応じて増大する通信要求の負荷分散に適応的なノード配置と（経済的に有利な）近接ノード間のリンクに基づくネットワーク設計法**にある．

　以下，4.1 節では RA ネットワークの長距離リンクと巨大ハブ攻撃への脆弱性を改善する Delauney 風 SF (DLSF) ネットワーク，4.2 節では DLSF より優れた特性を持つ Multi-Scale Quartered (MSQ) ネットワーク，4.3 節では MSQ ネットワークにおける辺上の中点分割への制約を任意点での分割に拡張した（道路網に良く似た）一般化 MSQ ネットワークを紹介する．

―――― ここに注目！ ――――
優先的選択のような利己性がない全くランダムな生成過程でも，時間的な偶然の積み重ねが空間的な疎密構造を自然に生み出す

ことを理解されたい．さらに，こうしたフラクタル的なネットワーク上を移動することで，**生物や人の行動パターンとも類似した効率的な探索が行えること**

を示す．

§4.1
Delaunay 風 SF ネットワーク

3.2.1 で紹介した RA ネットワークは，幾何学的構成で SF 構造を生成するモデルであるが，時間ステップ数（総ノード数に対応）が多くなるほどつぶれた三角形を段々と分割していくため，長距離リンクの存在が避けられない．一方，最小角最大，最大外接円最小，最小包含円などの最適性を満たすある種のバランスのとれた三角形で構成される Delaunay 三角形 (DT) がコンピュータ科学の一分野である計算幾何学にて知られている [90, 143]．Delaunay 三角形は Voronoi 図の双対グラフでもある．

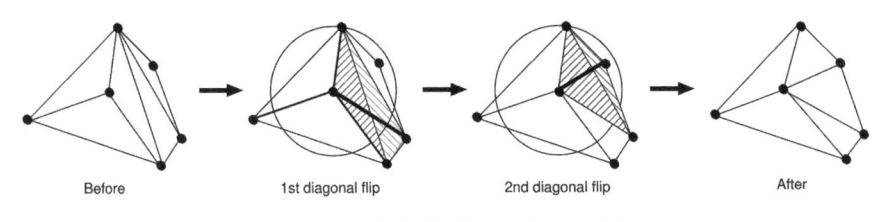

図 4.1 対角変形操作． ([17] より)

RA ネットワークのつぶれた三角形に，図 4.1 のような菱形における対角線のリンク交換を施して，これを可能な限り行えば Delaunay 三角形が得られる．リンク交換で総リンク数は変らず，平均次数 $\langle k \rangle$ も不変である．しかしながら，これは一般に局所処理に留まらず，ネットワーク全体に対角変形操作が行き渡る点が問題と考えられる．そこで，図 4.1 に示す，選択された三角形内に挿入された新ノードからその三角形の頂点への距離が最小になるものを半径とした円内に対角変形操作を限定して施すことで毎時刻の三角形分割を修正した Delaunay 風 SF (DLSF) ネットワークを考える [102, 103, 144]．図 4.2 は，毎時刻に一様ランダムに三角形を選択してその三角形の重心に新ノードを挿入した場合の RA，DT，DLSF ネットワークの例を示す．どれもリンク交差のない平面グラ

4.1 Delaunay 風 SF ネットワーク

フとなる．特に偏りのないランダム選択なのに，空間的には疎密な構造が自然に出来上がる．

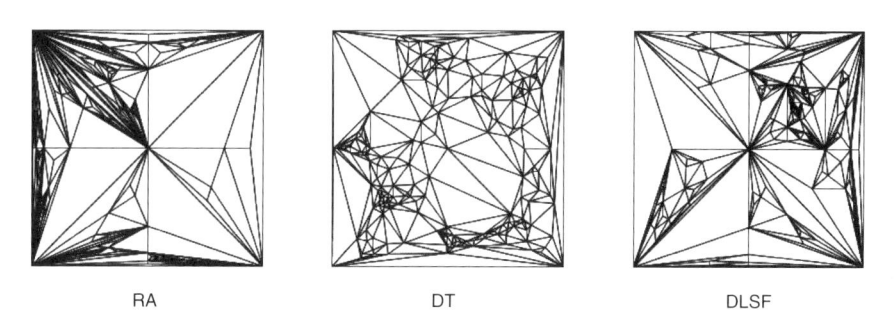

図 4.2 可視化例 [103]．(Y. Hayashi, Advances in Complex Systems **12**(1) 2009 ⓒWorld Scientifc Publishing より)

図 4.3 は，それぞれのネットワークの次数分布を示す．また，表 4.1 は，RA：べき乗分布，DT：対数正規分布，DLSF：指数的カットオフ付べき乗分布に対して，それぞれ最小二乗法で推定したパラメータ値を示す．図 4.2 と合わせて見ると，DLSF は RA と DT の中間的構造を持つことが分かる．局所的な対角変形操作による指数的カットオフのおかげで，最大次数は RA よりも小さく抑えられている．

表 4.1 推定した分布関数のパラメータ値．

モデル	分布関数	パラメータ値
RA	$P(k) \sim k^{-\gamma_{RA}}$	$\gamma_{RA} = 2.79$
DT	$P(k) \sim \exp\left(-\dfrac{(\ln k - \mu)^2}{2\sigma^2}\right)$	$\mu = 1.533,\ \sigma = 0.32$
DLSF	$P(k) \sim k^{-\gamma}\exp(-ak)$	$\gamma = 1.37,\ a = 0.09$

図 4.4 は，ハブ攻撃を受けて分断されたネットワークの例を示す．RA では初期構成である正方形の四隅とその対角線の交点が除去されて孤立クラスター（島領域）ができる一方，DT ではやや大きめの穴ができる程度で最大連結成分（GC）が残っている．DLSF は両者の中間的な結果を示す．サイズ $N = 10^5$ に

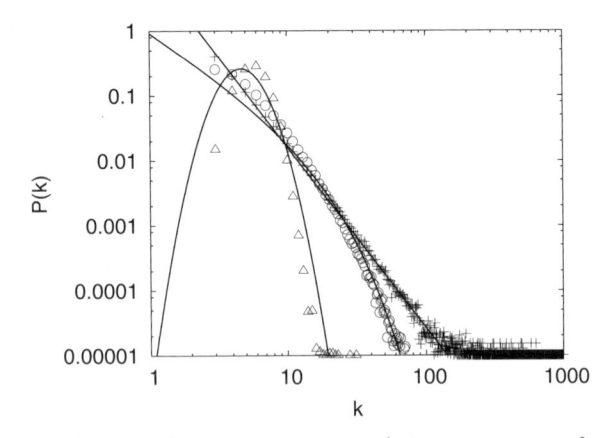

図 4.3 $N = 10^5$ の次数分布 $P(k)$[103]: $+, \bigcirc, \triangle$ 印は RA, DT, DLSF ネットワークの 100 平均の値をそれぞれ表し，線は表 4.1 の推定関数を示す [103]．(Y. Hayashi, Advances in Complex Systems **12**(1) 2009 ⓒWorld Scientifc Publishing より)

おける GC 崩壊の臨界値としてのハブ攻撃率（ノード除去率 f_c）は，SF ネットワークである RA では 0.04[1]，DLSF では 0.2，DT では 0.5 となる [103]．対角変形操作によって頑健性が多少向上する．

---

[1] インターネットの AS に対するハブ攻撃においても同様な臨界値となる [102]．

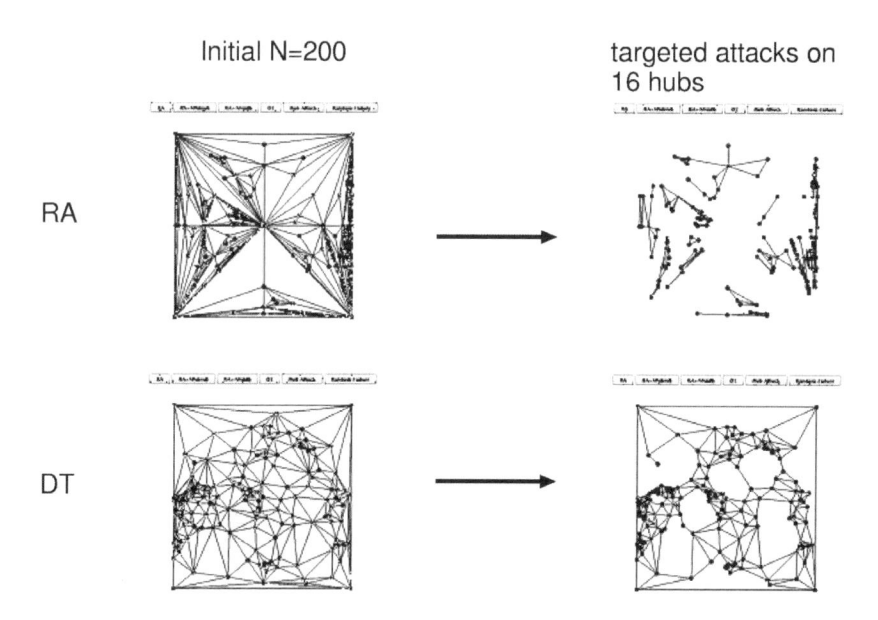

図 4.4 次数順のノード攻撃に対する分断の様子 [103]. (Y. Hayashi, Advances in Complex Systems **12**(1) 2009 ⓒWorld Scientifc Publishing より)

§ 4.2
自己相似な分割に基づく MSQ ネットワーク

　RA ネットワークのつぶれた三角形による長距離リンクとハブ攻撃への脆弱性の問題を DLSF ネットワークは多少改善しているものの，DT には及ばない．
　そもそも，どの方向から見てもつぶれてない三角形は正三角形しかない．そこで，毎時刻に新ノードを 1 個追加することに固執せず，図 4.5 (a) のように複数の新ノードを追加することで，選択した正三角形をより小さな正三角形に分割することを考える．この操作は自己相似な四分割であることに気づけば，図 4.5 (b)–(d) に示す正方形，椅子型，スフィンクス型，より一般のポリフォーム [145, 146, 147] のクラスにも拡張でき，この再帰的操作で構築される階層性から Multi-Scale Quartered (MSQ) ネットワークと呼ぶ [71, 104]. 以下では MSQ

ネットワークのこのクラスにおいて，何ホップも必要とする遠周りの迂回路ができにくい，正三角形と正方形の場合を考える．

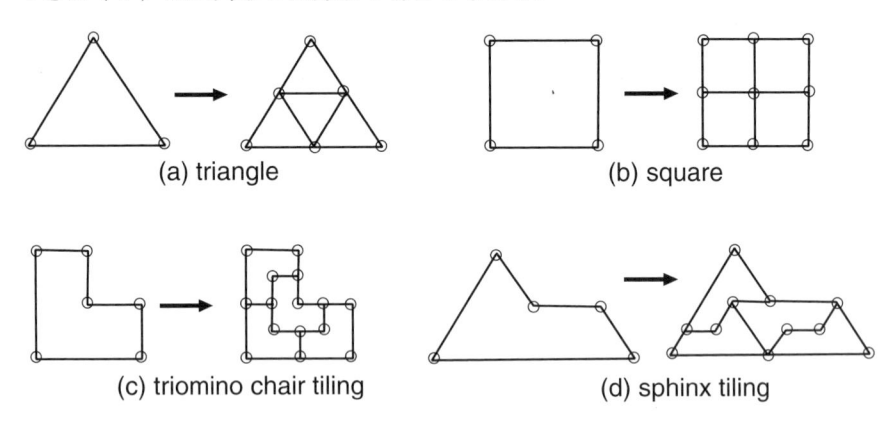

(a) triangle

(b) square

(c) triomino chair tiling

(d) sphinx tiling

図 4.5 基本的な分割処理．

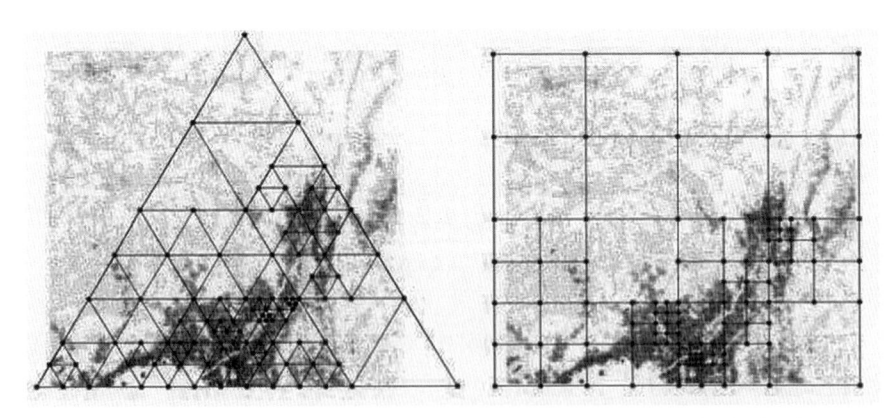

図 4.6 人口分布に従ったネットワーク構築例．左右の図における濃い部分は右中ほどが京都，下中央付近が大阪，その左隣が神戸を表す．

図 4.6 は，実際の人口データを用いて各面内の人口に比例した確率で面を選択して分割を行ったネットワークを示す．160×160 の各メッシュの人口量が濃淡で示され，人口密度が高い濃く表示された箇所に多くのノードが配置される[2]．このように，MSQ ネットワークは平面上に形成され，ノードを移動基地

---
[2] 総務省統計局の地域メッシュデータによる平常時の人口分布にしたがってノード配置が自己組

局等と捉えると，電波干渉等を引き起こすリンク交差がない．また，一番外側の初期構成のノードは次数 2，他のノードは正三角形では次数 4 か 6，正方形では 3 か 4（T 字路か十字路）と低次数となり，ハブは存在しない．また，リンク長分布に関しては 4.3.3 で触れるが，近接ノード間のリンクで構成され，3.1 節で述べた地理的空間上の修正 BA モデルのような長距離リンクは存在しないことも明らかである．

これらの特徴から以下の長所を持つ．

―― ここに注目！ ――

- 低次数であるため，ランダム故障はもちろん，**次数順のノード除去にも結合耐性が強い**（GC 崩壊の除去率の臨界値は 0.4 程度）．
- 理論的に，任意のノード i-j 間の最短距離の経路の長さが，それらの**直線距離 d_{ij} の高々 t 倍で抑えられる** t-spanner 性 [149] を持つ．
  図 4.7 はネットワーク上の経路で最も遠回りな，直線距離の $t = 2$ 倍となる最悪の場合を示す．平均的には経路長は d_{ij} の 1.1 倍程度．
- 平面グラフであることから図 4.8 のように，任意の始終点ノード s-t 間の最短距離の経路がそれら始終点間の直線と交差する面の縁だけを用いた**局所情報のみで効率的に求められる** [150]．
  よって，インターネットの TCP/IP プロトコルにおける大域的な経路表等が不要となり，ネットワークの成長や時間的変化にも柔軟に対処可能となる．

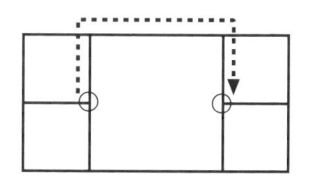

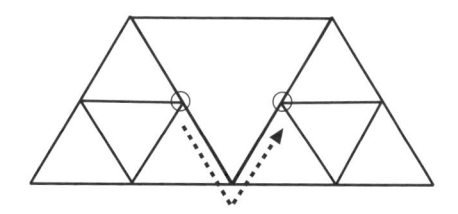

図 **4.7** ストレッチ因子 $t = 2$ の最悪の場合 [71]．(Y. Hayashi 他，PRE **82**, 016108, 2010 ⓒAmerican Physics Society より)

織化されている．災害時では，役場や公民館，学校などが主な非難所になること [148] から，各地域の人々が最も近い非難所に移動するとして地理的空間上の人口分布を変換して扱うものとする．

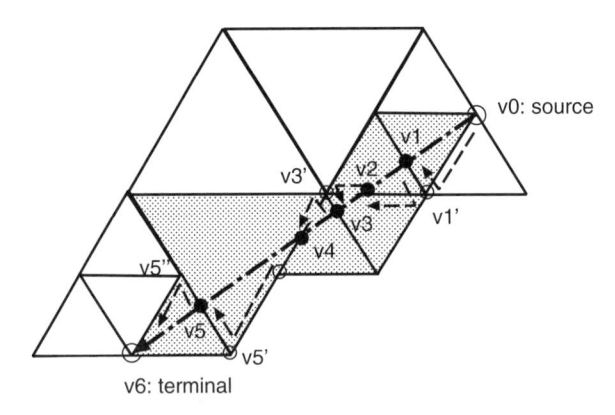

図 4.8 面ルーティング [71].（Y. Hayashi 他，PRE **82**, 016108, 2010 ⓒAmerican Physics Society より）

---

§ 4.3
一般化 MSQ ネットワーク

前節の図 4.6 からも分かるように自己相似の分割では，新ノードの位置は選択した面の辺上の二等分点に限定される．そこで，選択した面の辺上の任意の位置に新ノードを追加して分割できるよう，正方形の分割から長方形の分割に一般化する．これを一般化 MSQ ネットワークと呼ぶ [97, 151, 152]．以下，4.3.1 一般化 MSQ ネットワークの生成手順，4.3.2 面積分布の解析，4.3.3 そのフラクタル的構造上の効率的な探索について述べる．

4.3.1 正方形から長方形に

一般化 MSQ ネットワークは以下の手順に従って生成される．

Step 0. 初期構成として正方形を考える．ただし，$L \times L$ 格子の線分を以下の分割軸候補とする（図 4.9 (a)）．先の人口分布データでは $L = 160$ で，500 m 四方内の L^2 個の各メッシュにその内部に存在する人口数の値が付与されている．

Step 1. 毎時刻 $t = 1, 2, \ldots$ で，ある長方形の面をその内部の人口（面内に含まれるメッシュの人口和）に比例した確率で選択する（図 4.9 (b)）．

Step 2. 選択された長方形の面内の人口重心に最も近い縦横軸で四分割を行う（図 4.9 (c)）．

Step 3. 与えられた総ノード数 N になるまで，Step 1. に戻って処理を繰り返す．

ここで，空間上の任意の位置のユーザから最近接なノードの基地局に送受信（あるいは物資輸送）の要求が割り当てられるとする．その際，送受信の要求頻度が人口に比例すると仮定して，ノードへの割り当て負荷をできるだけ均等になるように分散化するため，人口重心による分割を考えている．

MSQ ネットワークは原理的に無限回の分割が可能であったのに対して，一般化 MSQ ネットワークでは $L \times L$ 格子の縦横軸で分割を行う事から有限回に留まる．言い換えれば，縦か横の幅が格子の基本単位 1 である長方形はもう分割不可能で，こうした幅 1 の長方形で全体が埋め尽くされた時に（例え与えられた N に達しなくても）上記の処理は停止せざるをえなくなる．数値的に，その総ノード数の最大値は $N_{\max} \approx L^{1.91}$ 程度である．

(a) Initial square

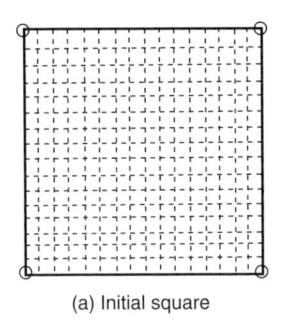

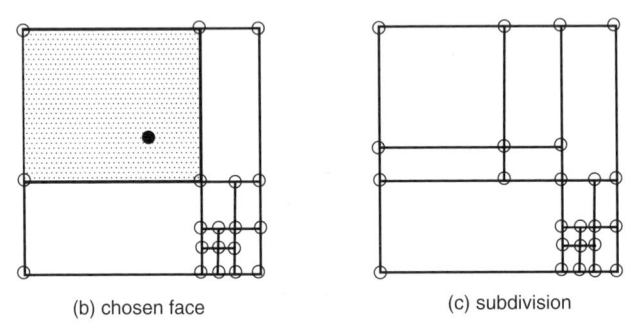

(b) chosen face   (c) subdivision

図 4.9 一般化 MSQ ネットワークにおける分割処理 [157]．(a) 外枠の初期構成と点線で表された分割軸候補，(b) $t = 4$ ステップ目で選択された影付き面と黒点の人口重心，(c) 人口重心に最も近い縦横軸による四分割．(Y. Hayashi 他 Physica A **392** 2013 ⓒElsevevier Publisher より）

4.3.2 道路網に類似した面積分布の解析

本節では，人口データに依存せず一様ランダムに面と分割軸を選択した場合において，一般化 MSQ ネットワークの辺で囲まれた面積分布を導出する [152]．図 4.9 からも想像できると思うが，一様ランダムな面と分割軸の選択でも**空間的にノード配置が疎密になる箇所が自然にできる一般化 MSQ ネットワークは道路網に似た形状を持ち**，その面積分布も道路網で囲まれた面積分布と類似する．

まず，ある時刻に縦横 $x' \times y'$ の長方形がランダムに選ばれて縦横 $x \times y$ の長方形がその分割から得られることが，座標位置 (x', y') の 1 つの粒子が (x, y) に乱歩することと同等であることに気づいてほしい．ただし，$x' > x \geq 1$，

4.3 一般化 MSQ ネットワーク

$y' > y \geq 1$ である．その際，縦横軸の四分割により，$(x'-x) \times y$, $x \times (y'-y)$, $(x'-x) \times (y'-y)$ の長方形も同時に生成されるので，それらに対応する座標点 $((x'-x), y)$, $(x, (y'-y))$, $((x'-x), (y'-y))$ を含めて粒子が 4 分裂することにも注意しよう．このように座標値の小さい方に 4 分裂して乱歩していく粒子を考えて，面積分布の組合せ厳密解を導く．

$x \times y$ の長方形の数，すなわち座標位置 (x, y) の粒子の数 n_{xy} の 1 ステップ分の平均的振舞いとしての時間的変化は

$$\Delta n_{xy} = -p_{xy} + \sum_{x',y'} \frac{4p_{x'y'}}{(x'-1)(y'-1)}, \tag{4.1}$$

と表せる．ここで，(x, y) における粒子の存在確率は

$$p_{xy} \stackrel{\text{def}}{=} \frac{n_{xy}}{\displaystyle\sum_{x''>1, y''>1} n_{x''y''}},$$

$\displaystyle\sum_{x',y'}$ は (x, y) より座標値が大きい乱歩前の位置候補 $x+1 \leq x' \leq L$ と $y+1 \leq y' \leq L$ の整数について取り，$2 \leq x, y \leq L-1$ である．式 (4.1) の右辺分母は (x', y') の組合せ数，分子の 4 は 4 分裂あるいは 4 隅の回転対称性による．

式 (4.1) で $\Delta n_{xy} = 0$ とおくと，

$$p_{L-1 L-1} = \frac{4p_{LL}}{(L-1)^2}, \; p_{L-2 L-2} = \left(1 + \frac{4}{(L-2)^2}\right) \frac{4p_{LL}}{(L-1)^2},$$

$$p_{xL-1} = p_{L-1y} = \frac{4p_{LL}}{(L-1)^2}, \; x > 1, y > 1.$$

を得る．上記を x と y の降順に適用すると，より一般に

$$p_{xy} = \left\{1 + \sum_{\mathcal{P}} \left(\Pi_{i=1}^{l} \frac{4}{(x_i-1)(y_i-1)}\right)\right\} \frac{4p_{LL}}{(L-1)^2}, \tag{4.2}$$

となる．ここで，$\displaystyle\sum_{\mathcal{P}}$ は (x', y') から (x, y) に $l = 1, 2, \ldots \min\{L-1-x, L-1-y\}$ ステップで移動する全てのパスについて取る．すなわち，整数値 $x_i, y_i \in Z_+$, $x < x_1 < x_2 < \ldots < x_i < \ldots x_l \leq L-1$, $y < y_1 < y_2 < \ldots < y_i < \ldots y_l \leq L-1$ のパス $(x_1, y_1), (x_2, y_2), \ldots, (x_l, y_l)$, の組合せを考える．

式 (4.2) の解 $p_{x'y'}$ を以下の右辺に代入すると，幅1の分割不能な長方形の数が求まる．これらの数値計算結果を図 4.10 に示す（ほぼ対数正規分布）．

$$n_{1y} = \sum_{x'>1, y'>y} \frac{4p_{x'y'}}{(x'-1)(y'-1)},$$

$$n_{x1} = \sum_{x'>x, y'>1} \frac{4p_{x'y'}}{(x'-1)(y'-1)},$$

$$n_{11} = \sum_{x'>1, y'>1} \frac{4p_{x'y'}}{(x'-1)(y'-1)},$$

これらの解は，パスの組合せ爆発のために，数十程度までの小さな L にしか適用できない．ところで，幅1の分割不能な長方形に至る前の任意の時刻における面積分布も知りたいとする．そこで，ランダムな面の選択と分割の離散処理に対して，以下の連続近似を考える．

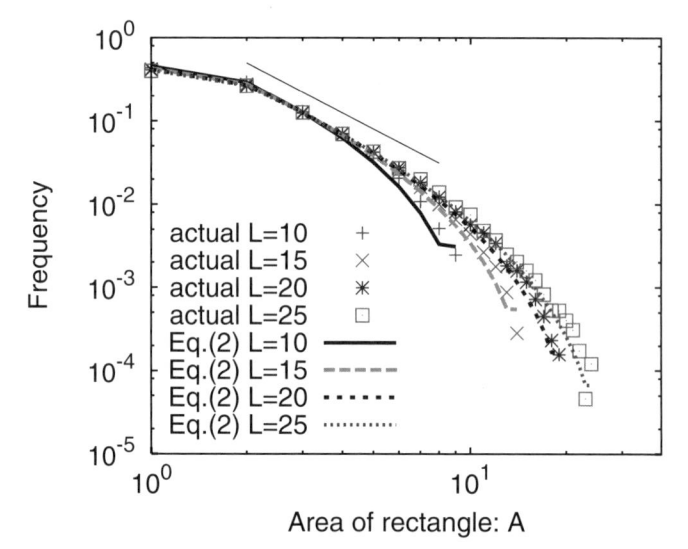

図 4.10 幅1の長方形の面積分布．印は実際に分割を行った結果の 100 平均を，線は組合せ厳密解を示す．上の細い実線は，道路網や罅割れ現象の面積分布で見られる傾き -2 のべき乗分布をガイドしている [152]．(Y. Hayashi 他 Physica A **392** 2013 ⓒElsevevier Publisher より)

文献 [133] にならって，時刻 t までに l 回分割された l 層の面の数 $n_l(t)$ の時

4.3 一般化 MSQ ネットワーク

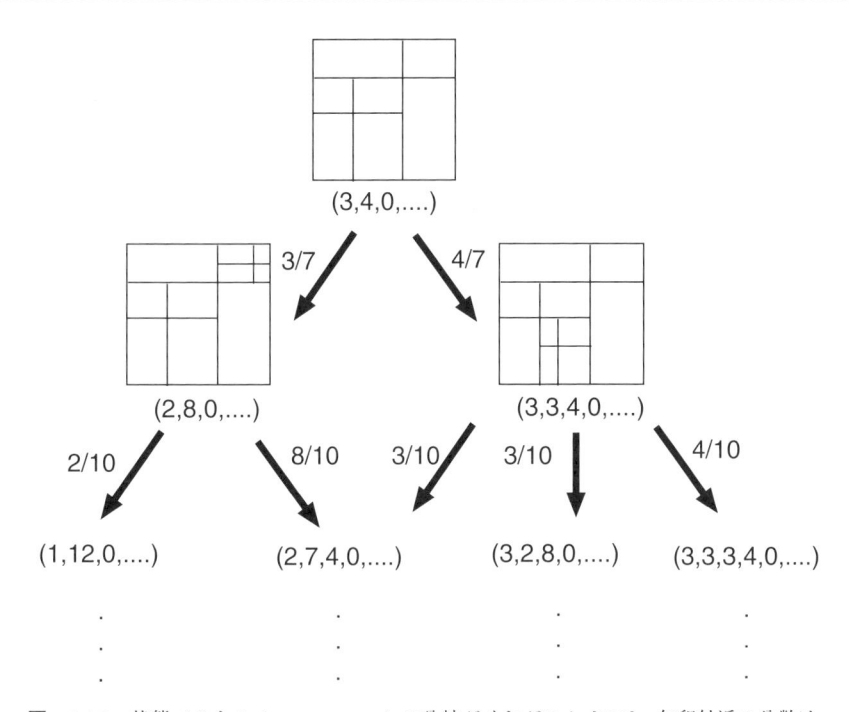

図 4.11 状態ベクトル $(n_1, n_2, \ldots,)$ の分岐ダイヤグラム [152]. 矢印付近の分数は遷移確率 $n_l/\mathcal{N}$ を示す. 上から $t = 2, 3, 4$ ステップ目で, 各要素 n_l は l 回分割された面数を表し, 左の要素ほど浅い層の大きめの面の数を表す. (Y. Hayashi 他 Physica A **392** 2013 ⓒElsevevier Publisher より)

間変化

$$\Delta n_l \stackrel{\text{def}}{=} n_l(t+1) - n_l(t), \tag{4.3}$$

を考える. その際, まずは分割回数のみに着目して面積は後で考慮する. すると, これは図 4.11 に示す（幅 1 の長方形で埋め尽くされる停止状態を持つ有限な）マルコフ連鎖 [153] をなす. 以下は $m = 2$ 分割でも成り立つ.

より大きな面である $l-1$ 層から $m = 4$ 分割で l 層の面が生成されること, および, 一様ランダムな面の選択確率は存在個数に比例することから,

$$\Delta n_l = m p_{l-1}(t) - p_l(t), \tag{4.4}$$

と書き直せる. 十分大きな t では,

$$\mathcal{N}(t) = \sum_l n_l = 1 + (m-1)t \approx (m-1)t,$$

であることと $n_l(t) = \mathcal{N}(t)p_l(t)$ を式 (4.3) に代入すると

$$\begin{aligned}\Delta n_l &= (m-1)(t+1)p_l(t+1) - (m-1)tp_l(t), \\ &= (m-1)t[p_l(t+1) - p_l(t)] + (m-1)p_l(t+1).\end{aligned}$$

となる. 上記を式 (4.4) の左辺に代入して, $t+1 \approx t \gg 1$ より $p_l(t+1) \approx p_l(t)$ を用いて整理すると, 以下の差分方程式を得る.

$$p_l(t+1) - p_l(t) = -\frac{m}{(m-1)t}\{p_l(t) - p_{l-1}(t)\}. \tag{4.5}$$

ただし, 上記の左辺の時間微分と右辺の空間微分をともに連続近似すると, 進行波の誤った解となる [133] ので注意しないといけない.

一方, 無限粒子系のモデル [154, 155] による連続時間近似 [133] を考えると,

$$\begin{aligned}\frac{dn_l}{d\tau} &= mn_{l-1} - n_l, l \geq 2, & (4.6)\\ \frac{dn_1}{d\tau} &= -n_1, & (4.7)\end{aligned}$$

となり, その解として

$$n_l = \frac{(m\tau)^{l-1}}{(l-1)!}e^{-\tau},$$

を得る. また, 式 (2.4) の指数関数 $e^{m\tau}$ の Taylor 展開に気づけば

$$\mathcal{N}(\tau) = \sum_l n_l = e^{(m-1)\tau},$$

$$p_l = \frac{n_l}{\mathcal{N}(\tau)} = \frac{(m\tau)^{l-1}}{(l-1)!}e^{-m\tau}, \tag{4.8}$$

となることも分かる. この p_l は Poisson 分布である.

次に, l を固定して, 元の正方形の面積 L^2 から l 回の分割で面積

$$S_l = \Pi_{i=1}^l X_i Y_i L^2,$$

4.3 一般化 MSQ ネットワーク

になったとする．ここで，X_i と Y_i は分割による縮小率で厳密には有理数であるが，一様ランダムな軸選択なので区間 $(0, 1)$ の連続変数の一様分布に従うとして近似する．

ランダム変数 $x \stackrel{\text{def}}{=} -\log(S_l/L^2) = -\sum_i (\log X_i + \log Y_i)$ を考えると，$x \geq 0$ は $L^2 \geq S_l$ に対応して，x は Gamma 分布

$$g_{2l}(x) = e^{-x} \frac{x^{2l-1}}{(2l-1)!}, \tag{4.9}$$

に従う[3]．

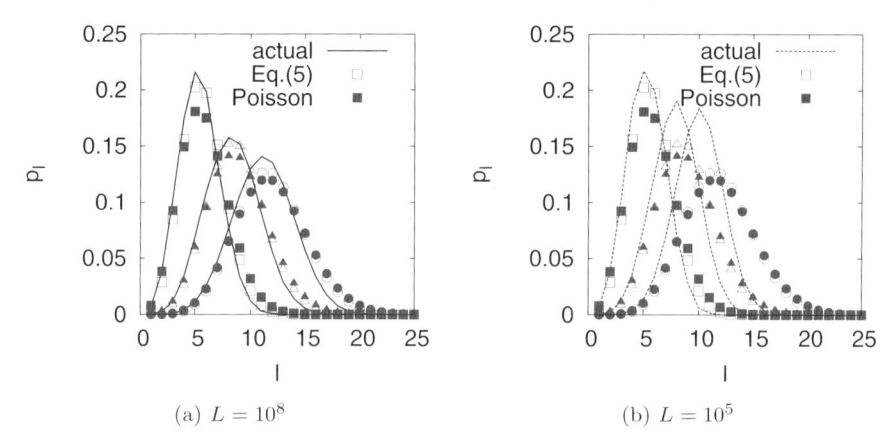

図 **4.12** 分割回数 l の分布 p_l[152]．(Y. Hayashi 他 Physica A **392** 2013 ⓒElsevevier Publisher より)

よって，ある時刻 t における分割回数 l の分布を表す式 (4.5) の数値解あるいは式 (4.8) の Poisson 分布と l 層内の面積分布を表す式 (4.9) の Gamma 分布の混合分布 $\sum_l p_l g_{2l}(x)$ の数値計算をして，x を S_l に変数変換すれば所望の分布が近似的に得られる．

---

[3] X_i や Y_i が区間 $(0, 1)$ の一様分布に従うとき，$-(\log X_i)/\lambda$ や $-(\log Y_i)/\lambda$ は指数分布 $\lambda e^{-\lambda x}$ に従う．さらに，確率変数 $Z_1, Z_2, \ldots, Z_n$ が独立に指数分布 $\lambda e^{-\lambda x}$ に従うとき，その和 $Z = Z_1 + Z_2 + \cdots Z_n$ の確率分布は $f(x) = \dfrac{\lambda^n e^{-\lambda x} x^{n-1}}{(n-1)!}$ に従う．$\lambda = 1$ と $n = 2l$ として，これらを組合せると $g_{2l}(x)$ が得られる．

(a) $L = 10^8$ (b) $L = 10^5$

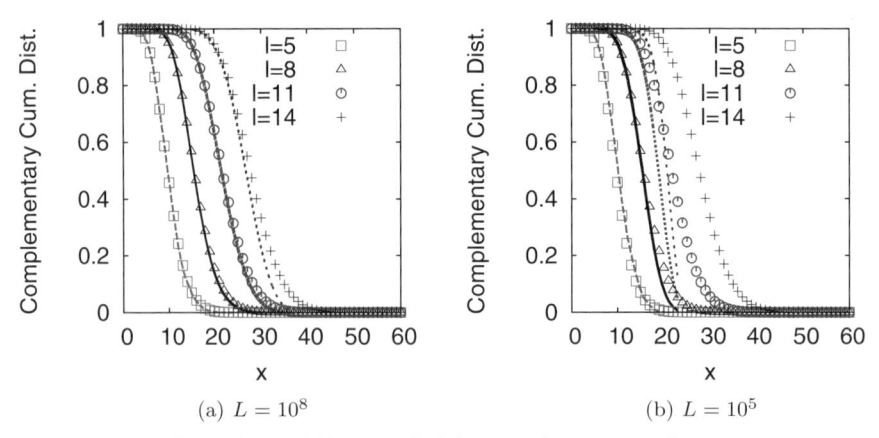

図 4.13 面積に対応する変数 x の累積分布 [152]．(Y. Hayashi 他 Physica A **392** 2013 ⓒElsevevier Publisher より）

図 4.12 は，左から時刻 $t = 50, 500, 5000$ のそれぞれに対する分割回数 l の分布 p_l である．実線で示す実際の長方形分割の 100 平均における結果と，中貫き印で示す式 (4.5) の数値解や中塗り印で示す式 (4.8) の Poisson 分布が大凡フィットしている事が分かる．ただし，時刻が大きくなるほど（分割がより深く進行するので），さらに格子サイズ L が小さく分割が粗いほど，幅 1 の長方形が分割不可能となる影響が無視できなくなり，深い階層（大きな l）の頻度が相対的に下がったと考えられる．

図 4.13 は，分割回数 l をそれぞれ固定した時の面積 A に対応する変数 $x \stackrel{\mathrm{def}}{=} \log(L^2/A)$ の累積分布を示す．累積分布を用いているのは，整数値の l と違って x が取りうる値は無数にあるためにその頻度を直接求めるには膨大なサンプル数が必要となる一方，累積分布にすればサンプルのばらつきが平滑化されて都合がよいことによる．左から時刻 $t = 50, 500, 5000, 50000$ において p_l のピーク値を与える $l = 5, 8, 11, 14$ に対して，線で示す実際の長方形分割の 100 平均における結果と，印で示す式 (4.9) の Gamma 分布が大凡フィットしていることが分かる．ただし，階層が深く（l が大きく）なるほど，さらに格子サイズ L が小さく分割が粗いほど，それらの差が顕著に出始める．すなわち，一様分布の連続近似が合わなくなる．

これらの混合累積分布 $P(\geq A)$ を示す図 4.14 では，(a) (b) における式 (4.8) の Poisson 分布と (c) (d) における式 (4.5) の数値解ともに，実際の長方形分割の 100 平均における結果とほぼ一致する．図 4.15 は，累積分布が胴体部分と裾野部分で 2 つの対数正規分布でよくフィッティングされることを示す．面積 A が小さい領域では幅 1 の長方形が分割不可能となる影響が出ると考えられるが，定量的な議論として 2 つに分ける意味付けはよく分かっていない．

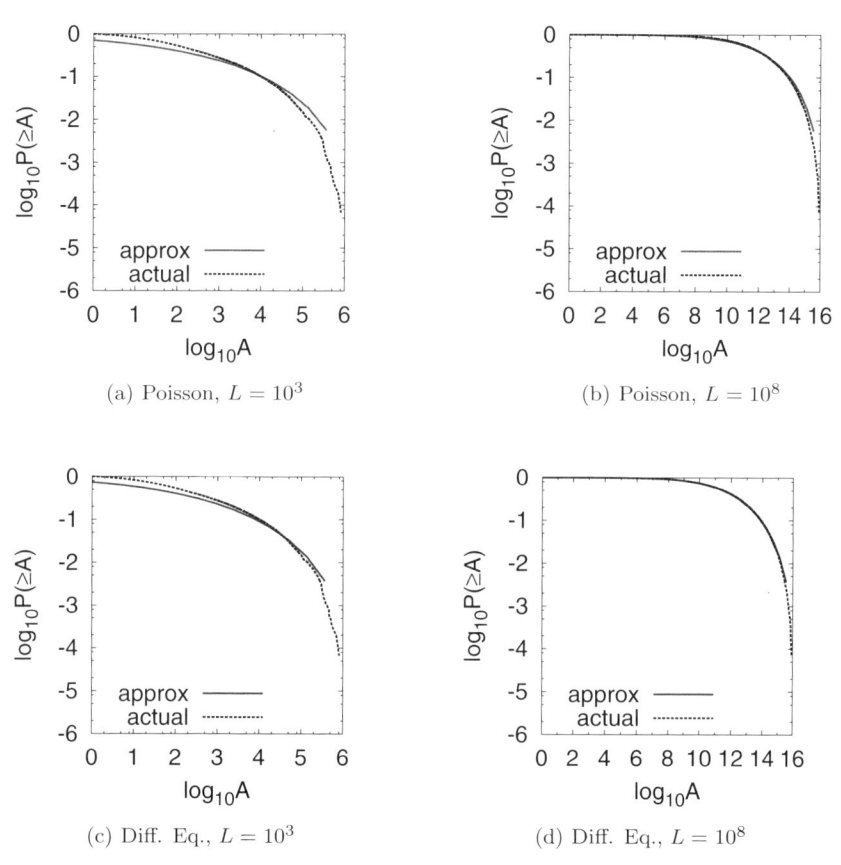

(a) Poisson, $L = 10^3$

(b) Poisson, $L = 10^8$

(c) Diff. Eq., $L = 10^3$

(d) Diff. Eq., $L = 10^8$

図 4.14 $t = 50$ における混合累積分布 [152]．(Y. Hayashi 他 Physica A **392** 2013 ⓒElsevevier Publisher より)

(a) lognormal, $L = 10^3$

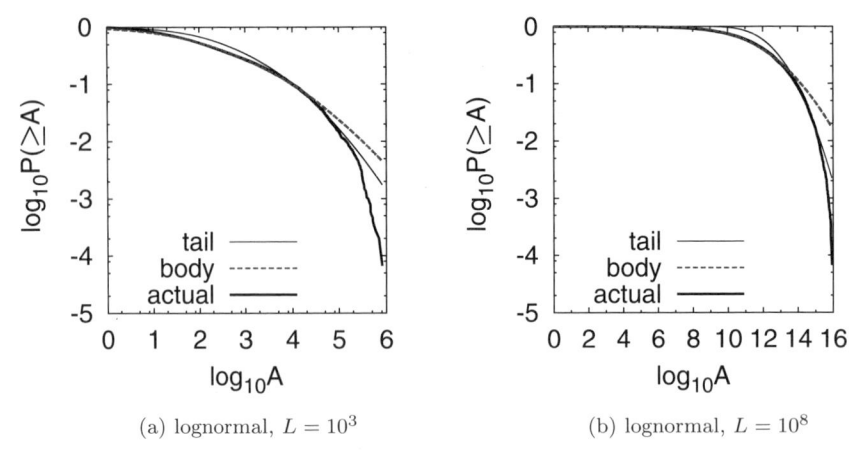

(b) lognormal, $L = 10^8$

図 4.15 累積分布の対数正規（累積）分布による推定 [152].（Y. Hayashi 他 Physica A **392** 2013 ⓒElsevevier Publisher より）

4.3.3 自然に埋め込まれたフラクタル的構造上の探索

　一般に，都市など人口が多いほど，通信や物資輸送に関する要求が多くなると考えるのは自然である．人口密集地は豊かな生息地に対応し，生物の餌探索に習ってこうした要求発生を標的と呼び，いつどこで発生するか予め分からない標的を出来るだけ素早く見つける探索問題を考える．

---- ここに注目！ ----

鳥や獣，昆虫も，ある場所付近をウロウロして餌が見つからなければ，少し離れた場所に移動してまた探し出すことを繰り返す [156]．

　我々人間も，何か購入物を探す時に，ある地区で見つからなければ，電車や車で隣町まで移動することはよくある．こうした移動パターンは全くデタラメというわけではなく，Lévy 飛行と呼ばれ，ある 2 点 i-j 間の移動距離が長さ l_{ij} となる頻度 $P(l_{ij})$ が以下に従い，

$$P(l_{ij}) \sim l_{ij}^{-\mu}, \tag{4.10}$$

4.3 一般化 MSQ ネットワーク

ある種の最適な探索戦略であることが知られている（コラム 4 参照）．$\mu \to 1$ が弾道的移動，$\mu \geq 3$ が乱歩に相当する Brown 運動で，$\mu \approx 2$ が最適となる．

一方，図 4.6 のように，人口分布に従って構築された一般化 MSQ ネットワークのリンク長は，短いものが多数派で長いものは少数派なので，

——— ここに注目！ ———

このネットワーク上のノード間を動けば，飛び飛びの位置に移動できて生物の餌探しと似たような探索が可能と考えられる．

本節では，この一般化 MSQ ネットワーク上の移動と正方格子上の Lévy 飛行との探索効率を比較して，人口分布に応じて自然に埋め込まれたそのフラクタル的構造が標的探索に適していること [97, 151, 157] を示す．探索の開始点は一般化 MSQ ネットワークの初期構成である外枠の正方形の人口重心とした．

まず，ネットワーク上をどのように移動するかに関して，次数を活用した確率的ルーティングとして，一様乱歩を拡張した α-乱歩 [97, 158] を考える．すなわち，現時刻で探索者が滞在しているノード i の隣接ノード集合 $\mathcal{N}_i$ の中で，ノード $j \in \mathcal{N}_i$ を K_j^α に比例した確率で選んで移動するものとする．K_j はノード j の次数である．$\alpha > 0$ なら隣接ノード中で次数が大きいノードに，$\alpha < 0$ なら逆に次数が小さいノードに移動しやすくなる．ただし，α の絶対値が大きいと決定論的なノード選択となって，同じノード間を行き来する現象が生じてしまう．図 4.16 は，10^6 ステップ中に $N = 2000$ のネットワーク上の α-乱歩で通過したリンクの長さ（移動距離）の頻度を示す．$\alpha = 0$ の時は，ネットワークに存在するリンク長の頻度分布そのものとなる事にも注意しよう [97, 158]．一般化 MSQ ネットワークではリンク長の頻度分布が，両対数グラフの直線性から，べき乗分布に従い，$\alpha = -1, 0, 1$ に対する傾きが 2.202, 2.212, 2.219 と推定される．これらの値は Lévy 飛行の最適指数 $\mu \approx 2$ に近い．参考までに，MSQ ネットワークでは，縦軸の片対数グラフの直線性から，指数分布に従っている．

次に，ネットワーク上を移動しながらどのように標的を探すのかについて述

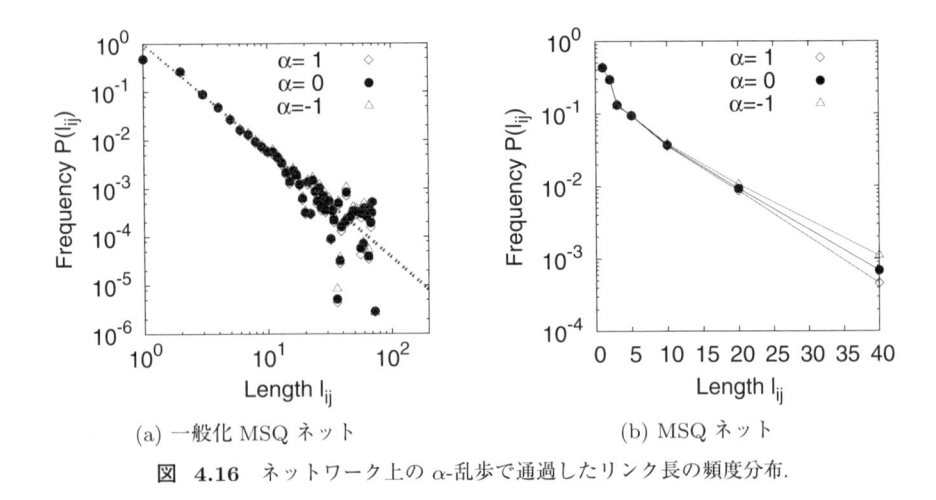

(a) 一般化 MSQ ネット (b) MSQ ネット

図 4.16 ネットワーク上の α-乱歩で通過したリンク長の頻度分布.

べる．$L \times L$ 格子上の Lévy 飛行との比較のため，各格子点周囲の人口[4]に比例した確率で格子点に標的を発生させる．もし探索者が標的を獲得したら，その標的は消え (destructive foods)，代りの標的が別の場所で人口に比例した確率で発生するものとする．一般化 MSQ ネットワーク上の α-乱歩でリンクを移動する際，図 4.17 にような上下左右 r_v の幅の範囲に標的があれば，それを獲得してリンク上に戻り，また同一方向にスキャンして探索を続ける．複数の標的があった場合は順に獲得して同様にスキャンする．探索方向を変えられるのはノードに達した時のみで，しかも隣接するノードの方向しか選択できない（T字路や L 字角がある）．これに対して Lévy 飛行では，上下左右の境界を接続して無くしたトーラス状の $L \times L$ 格子上で，常に上下左右の 4 方向からランダムに選び，式 (4.10) に従った確率で距離 l_{ij} だけ移動する．ただし，移動途中の上下左右 r_v の範囲内のスキャンで標的が見つかれば，途中で止まってそれを獲得した後，新たな移動として確率 $P(l_{ij})$ による距離と 4 方向のどれかを選ぶものとする．Lévy 飛行のスキャン方法を若干有利に設定している．

---

[4]各メッシュに人口は付与されてるものの，格子点はメッシュの四隅なので，格子点に接する 4 つのメッシュの人口の平均値を用いた.

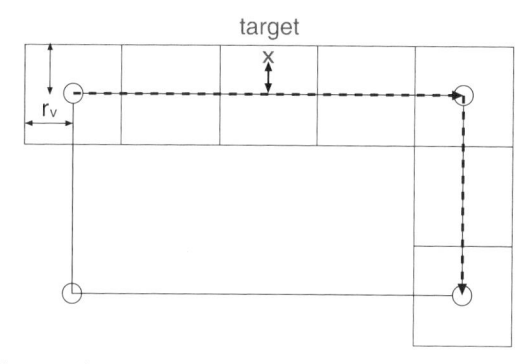

図 4.17 移動中の探索スキャン [157]. (Y. Hayashi 他 International Journal on Advances in Networks and Survices **6**(1-2) 2013 ⓒIARIA より)

探索効率 [159, 160, 161] は以下の η を λ でスケール化した $\lambda\eta$ で測る.

$$\eta \stackrel{\text{def}}{=} \frac{1}{M} \sum_{m=1}^{M} \frac{N_s}{L_m}, \tag{4.11}$$

$$\lambda \stackrel{\text{def}}{=} \frac{(L+1)^2}{N_t 2 r_v}, \tag{4.12}$$

ここで,L_m は,予め設定した N_t 個の標的から $N_s = 50$ 個を m 回目の試行で獲得するまでに移動した距離で,格子単位で測る.その際,探索効率の標的総数 N_t への依存性を調べるために $N_t = 60, 100, 200, 300, 400, 500$ を考える.λ は,標的密度によるスケーリングとして,2 つの標的間の平均間隔を表す.以下,$M = 10^3, r_v = 1$ とした.

図 4.18 は,$N_t = 200$ 個中で $N_s = 50$ 個の標的を獲得するまでの,正方格子上の指数 $\mu = 1.8$ の Lévy 飛行とサイズ $N = 500$ の一般化 MSQ ネットワーク上の乱歩の典型的な軌跡を示す.探索者は軌跡上を行き来することにも注意されたい.指数 $\mu = 1.8$ は,図 4.16 に対応する $N = 500$ における $P(l_{ij})$ の両対数グラフの傾きである.

> Lévy 飛行では,全体を放浪しているのに対して,一般化 MSQ ネットワーク上の乱歩では,人口密度が高く標的が集中した対角領域を重点的に訪問した効率のよい探索を行っている

ことが伺える.

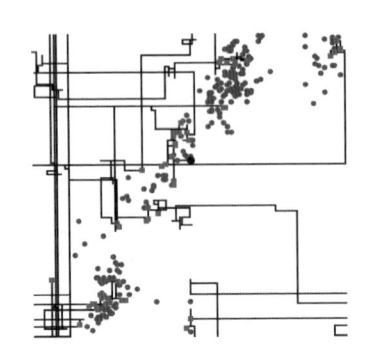

図 **4.18** 典型的な移動軌跡 [157]. 左:格子上の Lévy 飛行, 右:一般化 MSQ ネットワーク上の乱歩 ($\alpha = 0$). (Y. Hayashi 他 International Journal on Advances in Networks and Survices **6**(1-2) 2013 ⓒIARIA より)

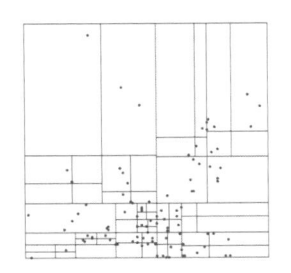

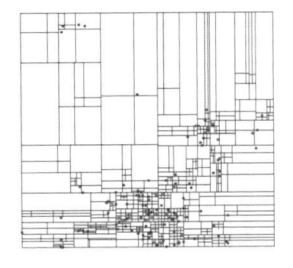

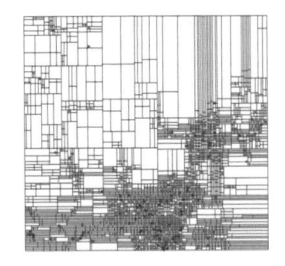

図 **4.19** サイズ N に応じたネットワーク構造. 左から $N = 100, 1000, 5000$ で, 点は人口に応じて発生した標的.

　直感的に, 一般化 MSQ ネットワーク上の探索にとって, サイズ N の大きさに長短所がある. 図 4.19 に示すように, サイズが小さいと全体を粗くカバーすることしかできずに取りこぼしに陥りやすいが, 多くの標的が存在する人口密集領域を訪問しやい. 一方, サイズが大きいと全体を密にカバー出来るが, 細長い長方形の辺上を動くために大きな迂回路を通りがちで, 標的が少ない人口過疎領域に一端入ると中々向け出せなくなる.

　図 4.20 の左側に突き出た部分に示すように, 一般化 MSQ ネットワーク上の α-乱歩は正方格子上の Lévy 飛行より高い探索効率となる. ここで, 図中の

4.3 一般化 MSQ ネットワーク

三角,黒丸,菱形の印は,$P(l_{ij})$ の両対数グラフの推定傾ېである各 μ 値が左から順に対応して,一般化 MSQ ネットワークのサイズ $N = 500, 1000, 2000, 3000, 4000, 50000, 5649 = N_{\max}$, についての結果を表す. サイズ $N \geq 1000$ では Lévy 飛行の場合より急激に効率が下がる. しかしながら,この事は一般化 MSQ ネットワークでは大きなサイズはむしろ不要であることを示唆する. また,図 4.20 (a) から (b) に示すように標的総数 N_t を増加させると,全体的にグラフが上にシフトするが,その傾向は一般化 MSQ ネットワークの方が顕著である. 特に,$N_t = 200$ におけるその探索効率の最大値は Lévy 飛行で最適な $\mu \approx 2$ の値を上回っている. ただし,より標的総数を増やした $N_t > 300$ では探索効率が低下する.

図 4.21 は,標的総数 N_t に対する探索効率の変化に関する,こうした現象を示す. 一般化 MSQ ネットワーク上の α-乱歩と正方格子上の Lévy 飛行ともに,標的総数 N_t の増加に対して初めは探索効率が上がるが,やがてピークに達して,その後は下がる. このアップダウン現象は式 (4.11) と式 (4.12) における L_m と N_t の値のトレードオフにあると考えられる. なお,$N < 500$ の場合は N_s 個まで標的を獲得できないケースが存在したために省いている.

以上の結果をまとめると,人口分布に応じた標的の探索では,サイズの小さい ($N \approx 500$) 一般化 MSQ ネットワーク上の α-乱歩は正方格子上の Lévy 飛行よりも効率的だと言える.

(a) $N_t = 100$

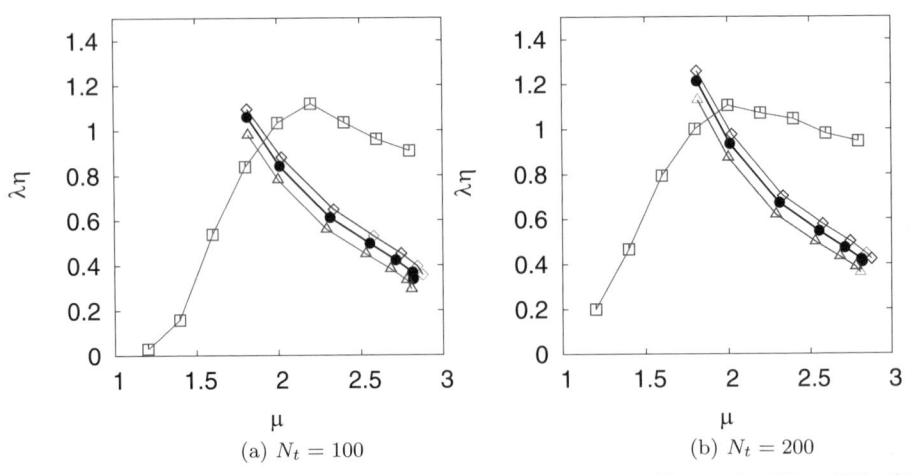

(b) $N_t = 200$

図 4.20 指数 μ に対する探索効率 $\lambda\eta$[157]．図 4.16 と同様に，三角，黒丸，菱形の印はそれぞれ一般化 MSQ ネットワーク上の α-乱歩の $\alpha = -1, 0, 1$ の結果を，四角印は正方格子上の Lévy 飛行の結果を示す．(Y. Hayashi 他 International Journal on Advances in Networks and Survices **6** (1-2) 2013 ⓒIARIA より）

§ 4.4
文献と，関連する話題

まず，次数分布に関して，DT は対数正規分布に数値的に良くフィットするが，理論的な裏付けはない．一方，DLSF では指数的カットオフ付べき乗分布が近似解析できる [144]．

t-spanner 性は，Delaunay 三角形で $t = 2\pi/[3\cos(\pi/6)] \approx 2.42$ [162]，アスペクト比 α の 2 次元三角分割で下限値 $t \geq 4\sqrt{3}/3 \approx 2.3094$ [163]，Θ-グラフで非重複な錐の数 $K \to \infty$ の漸近にて $t = 1/[\cos(2\pi/K) - \sin(2\pi/K)] \to 1$ [164] であることが知られている．これらから，MSQ は比較的良い t 値を持っていると言えよう．t-spanner 性に関するグラフの一般論としてより深い数学的な議論は，書籍 [165] が参考になろう．

一般化 MSQ ネットワークは道路網と似た形状を持ち，実際，道路網で囲ま

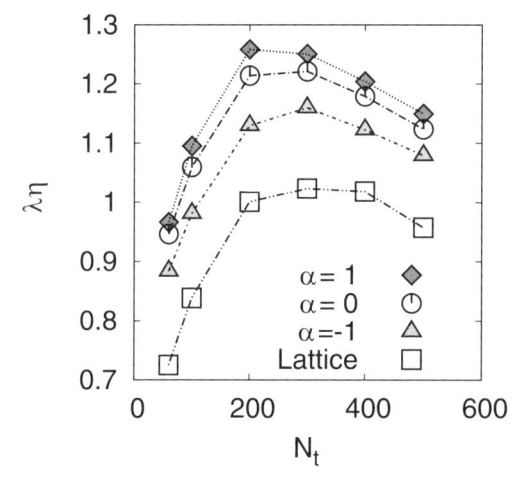

図 4.21　$N = 500$ の一般化 MSQ ネットワーク上の α-乱歩とそれに対応する $\mu = 1.8$ の正方格子上の Lévy 飛行の探索効率 $\lambda\eta$[157]. (Y. Hayashi 他 International Journal on Advances in Networks and Survices **6** (1-2) 2013 ⓒIARIA より)

れた面積分布 [166, 167, 168, 169], ガラス破片の質量分布 [170, 171], ランダムな穴の大きさ分布 [172, 173], 空間上のネットワークモデルの辺で囲まれた面積分布 [126, 169, 174], などにおいて 4.3.2 と類似した分布が実験的に得られている. **一般化 MSQ ネットワークは, これらの現象をある意味で抽象化した数学モデルとして捉えことができる**. 街道などの主要幹線道路ができてから小さな路地が徐々に増える生成過程は再帰的分割に対応すると考えられるが, より現実的なネットワーク成長を考えるにあたって, 道路網と都市の歴史的な形成過程 [175, 176] も興味深い. 一方, 長方形分割で一様ランダムな面選択の面積分布を解析した研究は上記以外には見当たらないが, 面積に比例した面選択の場合で理論解析から近似的に分布関数を導出した研究 [58, 177] は存在する.

MSQ ネットワークにおけるフラクタル次元の近似解析や再帰的ランダム四分木の数学的な扱い [178] に関しては, 文献 [152] の付録を参照されたい. また, MSQ ネットワークの辺で囲まれた面積分布は, 分割を重ねるたびに $L \times L$ の初期正方形から $1/4$ 倍ずつ縮小して l 層の面では $S_l = (1/4)^l L^2$ となり, 式 (4.5) (4.8) による分布 p_l が S_l の頻度を表すのでその面積分布を与える. p_l は横軸

を $l \propto \log(S_l)$ とした正規分布に近い形となる [158] ので，一般化 MSQ ネットワークと同様に対数正規分布で近似できる．

再帰的四分割を乱歩する粒子に対応させたように，結晶成長や交通流の数理モデルとして，各セルには 1 個の粒子しか移動できない排他的で移動に方向性のある 1 次元セルオートマトン ASEP (Asymmetric Simple Exclusion Process) [179] や，乱歩する粒子が衝突したら消滅する非衝突乱歩系 [180] が考えられ，ランダム行列理論との関連性が議論されている．ただし，これらは排他性が強い制約となり，似て非なるモデルと捉えられる一方，他の確率モデルを含めて（空間位置は問わずに 2 粒子の凝集や分離による質量の分布 [58] を扱ってる以外で）分裂する粒子に関する議論は皆無である．

フラクタル構造上の探索に関して，標的の獲得後に同じ位置に標的が再度発生する場合 (non-vanishing communication あるいは non-distructive/non-exhausive foods) の探索効率は，正方格子上の Lévy 飛行と一般化 MSQ ネットワーク上の乱歩の比較を含めて，[134] にて調べられている．さらに，Delay/Disruption Tolerant Network (DTN) としての一般化 MSQ 上のメッセージフェリーによる分散協調ルーティングが，人口分布を考慮した空間的に非均一な送受信要求に対して，正方格子上の Lévy 飛行より探索効率がよい事も示されている [157]．DTN とは，**災害時などでネットワークの接続が部分的に途切れた場合でも，復旧あるいは代替の処置が施されるまで何らかの方法で送信したいパケット情報を一時的に保持して受信先に届けられる，遅延や分断に耐性があるネットワーク**を指す．上記の分散ルーティングは，インターネットの TCP/IP プロトコルにおける経路表を必要とせず，緊急対策や応急処置などによるネットワーク構造の時間変化にも追従できる．

コラム4：生物の餌探索における最適戦略

　通常，生物は目的を持って行動するが，どこに行ったらよいのかが予め分からない場合はウロウロと動き回ることがある．餌を探す時などが，これに当てはまる．こうした行動は全くデタラメで，例えば，タバコの煙が徐々に広がる様子と似ているのだろうか？タバコの煙は，Brown運動と言って，空気中の分子のランダムな衝突によってアチコチ動き回ることはご存じであろう．瞬間瞬間のタバコ粒子の歩幅はさまざまだとしても，極端に大きな歩幅をとることはなく，(大気温度に依存した) 平均的な歩幅付近で動き回る結果，ある一定の範囲内に煙の塊ができると考えられる．

　一方，多くの観測事実から，昆虫，魚，鳥，動物や人間などの餌探し行動の範囲は，Brown運動とは異なり変則的に拡散することが分かっている．すなわち，生物の餌探しでは，空間を一様に徘徊することはせず，近場を少し探して餌が見つからなければ離れた場所に移動してまた周りを探すことを繰り返し，その移動距離 l_{ij} の頻度分布 $P(l_{ij})$ が式 (4.10) で表される Lévy 飛行に従う，効率的な探索を実行している [156]．

　その数学モデルとして，1次元連続空間上に一様ランダムに疎に配置された餌探索において，指数 $\mu = 2$ が最適であることが解析的に示されている [159]．また，離散空間である規則的格子上 [160] および格子欠陥がある場合 [161] でも，同様な結果が数値計算から得られている．

　六ヵ月間に約十万人の携帯電話の実測データから得られた人々の行動パターンは，Lévy 飛行の距離分布からは若干ずれ，職場と自宅に集中する点でも異なることが知られている [181]．こうした人々の行動データの収集と分析を，海外では情報分野の研究者よりも若手物理学者が積極的に行っている．行える環境にあることも特筆すべきであろう．

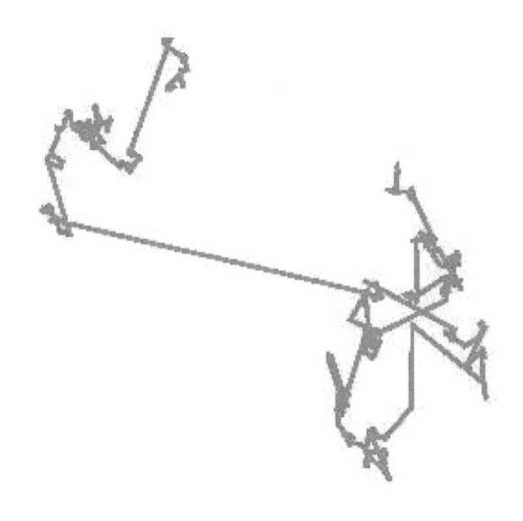

図 4.22 Lévy 飛行の例. http://en.wikipedia.org/wiki/File:LevyFlight.sv

第5章
コピーして成長していく自己組織化

本章では，局所的なコピー操作を自己組織化原理の1つと捉えて，生物における複写に基づくネットワーク成長のモデルとその問題点を提示した後，別のリンクコピー操作に基づくモデルを考える．さらに，壺モデルの枠組みから，それらの包括的なネットワークモデルとして分類整理できることにも触れる．

§ 5.1
Duplication-Divergence (D-D) モデル

タンパク質の相互作用ネットワークのモデルとして考えられた，リンクの複写 (duplication) と除去（逸脱：divergence）に基づく Duplication-Divergence モデル [182] を紹介する．

図 5.1 のように，毎時刻 $t = 1, 2, 3, \ldots$ に新ノード1個が追加されて，一様ランダムに選択されたノードの結合形態の複写として，選択されたノードの隣接ノードと新ノードがリンクする．その際，ある一定確率 $0 \leq \delta \leq 1$ で複写は失敗（複写されたリンクを除去）し，また突然変異 (mutation) に相当する確率 $\beta/N(t)$ でランダム選択した既存ノード間のリンクを追加する．ここで，$\beta > 0$ は定数で，$N(t)$ は時刻 t の総ノード数を表す．

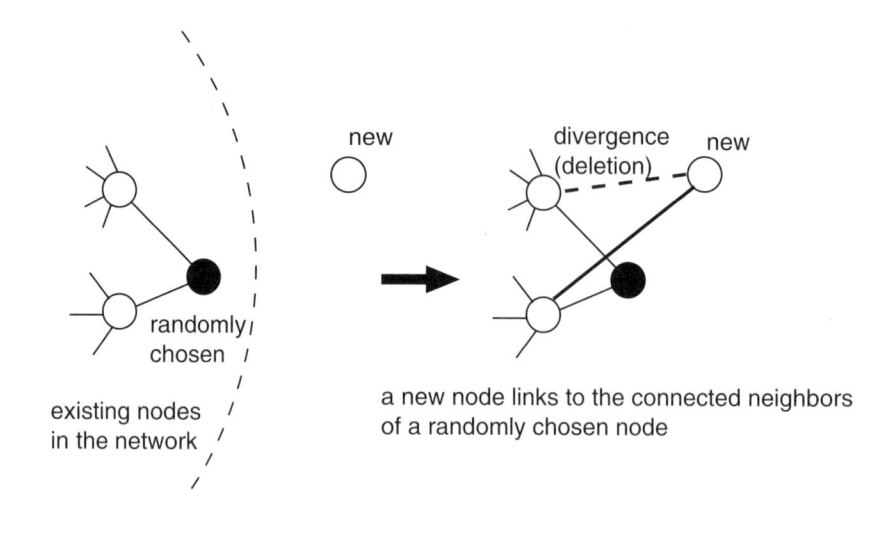

図 5.1 Duplication-Divergence モデル.

5.1.1 次数分布の近似解析

以下，文献 [183] にしたがって，指数的カットオフ付きべき乗則に従う次数分布を導出する．Gamma 関数 $\Gamma(x)$ に関しては [184] 等を参照されたい．ただし，理論解析に関心がなければ本節を飛ばしても構わない．

次数 k のノード数 n_k の平均的な時間変化は，既存ノードへのリンクの追加によって次数が k から $k+1$ や $k-1$ から k になる事，および新ノードの複製リンクのうち 1 本が除去されて $k+1$ から k や k から $k-1$ になる事から以下で記述される．

$$\frac{dn_k}{dt} = \frac{n_k}{N} + \frac{\delta}{N}\{(k+1)n_{k+1} - kn_k\} + \frac{1-\delta}{N}\{(k-1)n_{k-1} - kn_k\} \\ + \frac{2\beta}{N}\{n_{k-1} - n_k\}, \tag{5.1}$$

ここで，右辺第 1 項は新ノードの（リンク除去されない正味の）複写の分，第 2 項は確率 δ で複写リンクが 1 本除去される分，第 3 項は複写リンクが除去されずに残る分，第 4 項は確率 β でランダム選択されたノード間の結合 (mutation) の両端分をそれぞれ表す．ただし，これらは粗い近似で（解析的扱いが困難な）

5.1 Duplication-Divergence (D-D) モデル

複数本のリンク除去は考慮されていない事に注意しよう.

毎時刻に新ノードが1個追加されるので総ノード数は $N(t) = t$ であることを用いて,式 (5.1) の両辺に $n_k = N(t)p_k = tp_k$ を代入すると,

$$(k+1)\delta p_{k+1} - (k+2\beta)p_k + \{(k-1)(1-\delta) + 2\beta\} p_{k-1} = 0,$$

を得る.母関数 $\phi(x) \stackrel{\text{def}}{=} \sum_k x^k p_k$ を用いて書き直した下記の x^k の係数が上記に相当する

$$\{(1-\delta)x^2 - x + \delta\} \frac{d\phi(x)}{dx} + 2\beta(x-1)\phi(x) = 0,$$

を境界条件 $\phi(1) = \sum_k p_k = 1$ で解くと

$$\phi(x) = \left(\frac{\delta - x(1-\delta)}{2\delta - 1} \right)^{-2\beta/(1-\delta)}, \qquad (5.2)$$

を得る[1].

式 (5.2) より,平均次数は

$$\langle k \rangle = \sum_k k p_k = x \frac{d\phi(x)}{dx} \bigg|_{x=1} = \frac{2\beta}{2\delta - 1},$$

となり,$\langle k \rangle > 0$ には $\delta > 1/2$ の強いリンク除去と $\beta > 0$ のランダム結合が必要となる.

母関数 $\phi(x)$ の定義と式 (5.2) の k 回微分を用いた Taylor 展開における

$$p_k = \frac{1}{k!} \frac{d^k \phi(0)}{dx^k}$$

より,

$$p_k = \frac{\left(\frac{2\delta - 1}{\delta} \right)^{\frac{2\beta}{1-\delta}}}{\Gamma\left(\frac{2\beta}{1-\delta} \right)} \frac{\Gamma\left(\frac{2\beta}{1-\delta} + k \right)}{k!} \left(\frac{1-\delta}{\delta} \right)^k, \qquad (5.3)$$

---

[1] $g(x)\frac{d\phi(x)}{dx} + f(x)\phi(x) = 0$ の形なので,$\frac{d\phi(x)}{dx} = -\frac{f(x)}{g(x)}\phi(x)$ より $\int \frac{d\phi}{\phi} = -\int \frac{f(x)}{g(x)} dx$ を経て,$\log \phi = \frac{-2\beta}{1-\delta} \log\{(1-\delta)x - \delta\} + C$ から解を得る.C は $\phi(1) = 1$ より定まる積分定数.

を得る．ここで，

$$\gamma = -k_0 = 1 - \frac{2\beta}{1-\delta},\ k_c = \frac{1}{\log\left(\frac{\delta}{\delta-1}\right)},$$

として，Stirling の公式: $k! \approx \sqrt{2\pi k}k^k e^{-k}$ より $\Gamma(x+1) \approx x^x e^{-x}$ であるから，

$$\Gamma\left(\frac{2\beta}{1-\delta}+k\right) \approx \left(\frac{2\beta}{1-\delta}-1+k\right)^{\left(\frac{2\beta}{1-\delta}-1+k\right)} e^{\left(\frac{2\beta}{1-\delta}-1+k\right)},$$

$k \gg k_0$ では $(k+k_0)^k \approx k^k$, $\left(\frac{1-\delta}{\delta}\right)^k = e^{-k\log(\frac{\delta}{1-\delta})} = e^{-k/k_c}$ を用いて，式 (5.3) 右辺の分子と分母の第 1 因子の k に無関係な定数成分を無視すれば，

$$p_k \approx (k+k_0)^{-\gamma} e^{-k/k_c},$$

を得る．ただし，このべき指数 γ は D-D モデルの数値シミュレーション結果やタンパク質相互作用ネットワークの実測値とは合わない事が指摘されている [183]．その理由は，後述する特異性とも関係するのかも知れない．

5.1 Duplication-Divergence (D-D) モデル

一方，別の近似解析 [185] では，s 本の複写中で a 本が残るとして突然変異による $b = k - a$ 本のランダム結合と合わせて次数が k となる組合せ[2]）

$$G_k = \sum_{a+b=k} \sum_{s=a}^{\infty} {}_sC_a p_s (1-\delta)^a \delta^{s-a} \frac{\beta^b}{b!} e^{-\beta}, \tag{5.4}$$

と，結合核 $A_k = (1-\delta)k + \beta$ を用いた

$$\frac{dn_k}{dt} = \frac{A_{k-1}n_{k-1} - A_k n_k}{t} + G_k, \tag{5.5}$$

に対して，$n_k = t p_k$ を代入して整理した漸化式

$$\left(k + \frac{\beta+1}{1-\delta}\right) p_k = \left(k - 1 + \frac{\beta}{1-\delta}\right) p_{k-1} + \frac{G_k}{1-\delta}, \tag{5.6}$$

を導く．k が十分大きい時，突然変異の数 b は小さく，$s \approx k/(1-\delta)$ と考えられ，p_k が $k^{-\gamma}$ で減衰すれば，$p_s \approx (1-\delta)^\gamma p_k$ と近似できる．この p_s を式 (5.4) に代入して $\sum_{b=0}^{\infty} \frac{\beta^b}{b!} = e^\beta$ と $n = s - k$ とした一般二項展開 [184]：

$$(1-\delta)^{-(k+1)} = \sum_{n=0}^{\infty} \frac{1}{n!}(k+1)(k+2)\ldots(k+1-n+1)\delta^n = \sum_{s=k}^{\infty} {}_sC_k \delta^{s-k},$$

より，下記の和の項が $(1-\delta)^{-1}$ になって，

$$G_k \approx (1-\delta)^\gamma p_k \sum_{s=k}^{\infty} {}_sC_k (1-\delta)^k \delta^{s-k} \sum_{b=0}^{\infty} \frac{\beta^b}{b!} e^{-\beta} = (1-\delta)^{\gamma-1} p_k,$$

を得る．ゆえに，この G_k を漸化式 (5.6) に代入して整理すると，

$$p_k \approx \frac{k - 1 + \dfrac{\beta}{1-\delta}}{k + \dfrac{\beta+1}{1-\delta} - (1-\delta)^{\gamma-2}} p_{k-1} = \frac{\Gamma(k - 2 + \dfrac{\beta}{1-\delta})}{\Gamma(k - 1 + \dfrac{\beta+1}{1-\delta} - (1-\delta)^{\gamma-2})} p_1,$$

となる．上記に Stirling の公式 $\Gamma(z+1) \approx \sqrt{2\pi z}(z/e)^z \sim k^z$, $z = k - 2 + \beta/(1-\delta)$, を適用して $p_k \sim k^{-\gamma}$ を得て，D-D モデルの数値シミュレーション

---

[2] $x = 1$ ステップでランダムな結合が b 本追加される確率は Gamma 分布 $\dfrac{\beta^b}{\Gamma(b)} e^{-\beta x} x^{b-1}$ で表される．

結果やタンパク質相互作用ネットワークの実測により近い値となる，べき指数 γ の関係式

$$\gamma = 1 + \frac{1}{1-\delta} - (1-\delta)^{\gamma-2},$$

が得られている．

5.1.2 特異性の問題点

式 (5.1) (5.5) はいずれも，複写リンクの半分以上の除去，$\delta > 1/2$ を前提としている [183, 185]．生物の反応系におけるタンパク質相互作用ネットワークのモデルとしてならいざ知らず，より広く社会技術ネットワークの設計法として考えると，複写の失敗であるリンク除去の割合が半分以上なのは望ましいのか疑問の余地がある．

ところで，$\delta = 0$ かつ $\beta = 0$ でリンク除去も突然変異もない複写のみの Pure Duplication モデルでは，常に二部グラフ $K_{j,N-j}$ が生成される [186]．記号 $K_{j,N-j}$ は，総ノード数 N のうち片側が j 個で，もう片側が $N-j$ 個で構成されることを表す．図 5.2 は，2 ノードが連結した最小構成の $K_{1,1}$ から各ステップで生成される二部グラフを示す．しかも，$j = 1, 2, \ldots, N-1$ の各 $K_{j,N-j}$ は等確率で生成されて，それぞれの総リンク数は $N-1, 2(N-2), \ldots, (N/2)^2, (N-2)2, N-1$ と異なる値をとる．サイズ N が大きい程，これら個々の総リンク数とそれらの平均値[3]

$$\frac{1}{N-1} \sum_{j=1}^{N-1} j(N-j) = \frac{N(N+1)}{6}$$

とのずれが大きくなる．したがって，

---

[3] 右辺の $\frac{N(N+1)}{6}$ は，$\sum_{j=1}^{N-1} j(N-j) = N \sum_{j=1}^{N-1} j - \sum_{j=1}^{N-1} j^2$ と，$\sum_{x=1}^{n} x = \frac{n(n+1)}{2}$ および $\sum_{x=1}^{n} x^2 = \frac{n(n+1)(2n+1)}{6}$ から求められる．非負整数 p 乗の級数和 $\sum_{x=1}^{n} x^p$ は Bernoulli 数と関係する（例えば [187, 188] 参照）．

5.1 Duplication-Divergence (D-D) モデル

---- ここに注目！ ----

各サンプルごとに次数分布の大きなバラツキが生じるために，サンプル平均としての総リンク数や次数分布がそれらのネットワークの構造的特徴を表現しているとは言いがたくなる．

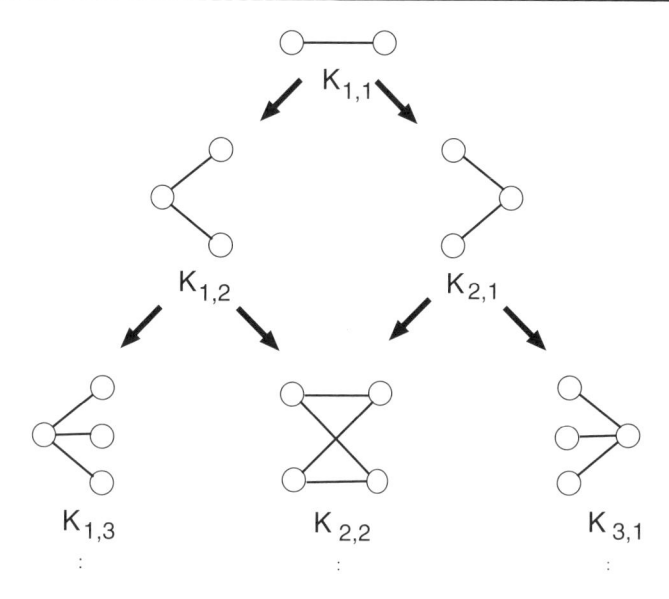

図 5.2 Pure Duplication モデルにおける生成過程．

一般に，十分大きな N に対して，以下で定義される偏差 χ が零に収束しないとき，非自己平均的 (non-self-averaging) あるいは特異性 がある (singular) と言う [186]．

$$\chi \stackrel{\text{def}}{=} \sqrt{\langle L^2 \rangle - \langle L \rangle^2}/\langle L \rangle,$$

ここで，L はサンプルとした個々のネットワークの総リンク数で，$\langle L \rangle$ と $\langle L^2 \rangle$ はその平均と二乗平均をそれぞれ表すものとする．実際，$\beta = 0$ で突然変異のない D-D モデルは，$\delta \leq 1/2$ で偏差 χ が零に収束しないことが数値的に示されている [186]．幸い，前章までに述べてきたモデルで生成した1つのネットワークをサンプルとして次数分布を調べると，複数サンプルで平均化した次数分布とほぼ一致する．長い裾野を持つ次数分布 $P(k)$ では平均次数 $\langle k \rangle$ と最大次数

k_{max} が大きくかけ離れることが重要であったように，ネットワークのサンプルにおいて自己平均的 (self-averaging) かどうかを問うことの重視性を再認識すべきであろう．

総リンク数などの量が自己平均的となるためには，コピーに基づくネットワーク生成では半分以上のリンク除去が必要なのだろうか，他のコピー方法は考えられないのか．これらの疑問については 5.2 節で述べる．その前に，先の複写処理が優先的選択を実質的に行ってる点に触れておきたい．

5.1.3　優先的選択としての複写

複写によって，あるノード j が毎時刻 1 個の新ノードからリンクを追加されるのは，一様ランダム選択で j の隣接ノードが選ばれる場合で，例えば隣接ノードが 1 個の場合に比べて 3 個の場合はそのうちどれかが選ばれればよいのでリンク追加は 3 倍の可能性を持つ．すなわち，**複写処理ではランダムに選択したノードの隣接ノードをランダムに選ぶ**ので，その頻度が j の次数に比例する．これは 2.1 節で述べた優先的選択に他ならない．

このように，複写が優先的選択を実質的に行ってる事は直感的には理解できるが，ランダム選択されたノードの次数とその隣接ノードの次数との次数相関が関係するためか，これ（べき乗分布となること）を解析的に示すのは案外難しい．毎時刻に追加される 1 個の新ノードが既存ノードと m 本リンクする際に，ランダム選択されたノード j の隣接ノード i をランダムに選び，新ノードが i と結合していく場合は，以下のように近似的に示せる [189]．m 本だけの複写とする点は前節や前々節までのモデルと異なる．また，BA モデル [22] と同様に，m 本中に同一ノードを選ぶ重複リンクを禁止することが，解析的に扱われてない（重複確率は低いので近似的に無視する）点にも注意しよう．D-D モデルでは，一定数の m 本ではなく各時刻で選択されたノードの次数分のリンクが複写されるため，以下に導く次数分布と異なる結果となり，非自己平均的な特異性も招くと考えられる．さらに，D-D モデルでは複写において選択されたノードとその隣接ノードの次数相関の影響で以下の平均場近似が適用できなくなるのかも知れない．

5.1 Duplication-Divergence (D-D) モデル

まず,時刻 t におけるノード i の次数を $k_i(t)$ と表記すると,総ノード数 N_0+t 個中でランダムに選ばれるノード j が i の隣接である確率は $k_i(t)$ に比例して

$$p_1 = \frac{k_i(t)}{N_0+t}.$$

である.一方,j の隣接ノードから i が選ばれる確率 p_2 は $1/k_j(t)$ であるが,これは陽には分からないので j に依存しない平均場近似として

$$p_2 = \sum_{k_j(t)=1}^{N_0+t} \frac{1}{k_j(t)} p(k_j(t)),$$

を考える.ここで $p(k)$ は求めたい次数分布である.

ノード i の次数変化は p_1 と p_2 の積に比例するので,

$$A \stackrel{\text{def}}{=} \sum_{k=1}^{\infty} \frac{1}{k} p(k), \tag{5.7}$$

を定数として,

$$\frac{\partial k_i}{\partial t} = m p_1 p_2 \approx m \frac{k_i}{t} A,$$

を得る.この解 $k_i = m t^{mA}/t_i$ を用いた(一様に流れる時間を暗黙に仮定)

$$p(k_i(t) < k) = p\left(t_i > \frac{m^{\frac{1}{mA}}}{k^{\frac{1}{mA}}} t\right) = 1 - \frac{m^{\frac{1}{mA}} t}{k^{\frac{1}{mA}} (N_0+t)},$$

を以下の右辺第 1 項の分子に代入して,$\beta \stackrel{\text{def}}{=} mA$ とおくと,べき乗分布

$$p(k) = \frac{\partial p(k_i(t)<k)}{\partial k} \approx \frac{m^{\beta^{-1}}}{\beta} k^{-(\beta^{-1}+1)},$$

を得る.β の値は,定義式 (5.7) 中の A に m をかけて上記の $p(k)$ を代入した

$$\beta^2 = m^{(\beta^{-1}+1)} \sum_{k=1}^{\infty} k^{-(\beta^{-1}+2)},$$

より数値計算で求める.

§5.2
より性質の良いコピーの仕方を考えよう

5.2.1 新たな Copying モデル

　D-D モデルの複写は，ネットワークの部分構造のある種のコピーとして考えられるが，コピーに基づくネットワーク構築がこの複写に限られるわけではない．そこで，図 5.3 に示すモデルを考える．毎時刻，新ノードが追加される点は図 5.1 の D-D モデルと同様であるが，新ノードの結合先が異なる．新ノードは，ネットワークから一様ランダムに選択した既存ノードの 1 つと結合しつつ，その選択ノードの次数分だけ新ノードから新たなリンク（とそれにぶら下がる次数 1 のノード）を追加して成長していく．すると，5.2.3 で述べるように，この Copying モデルは自己平均性を持つ．

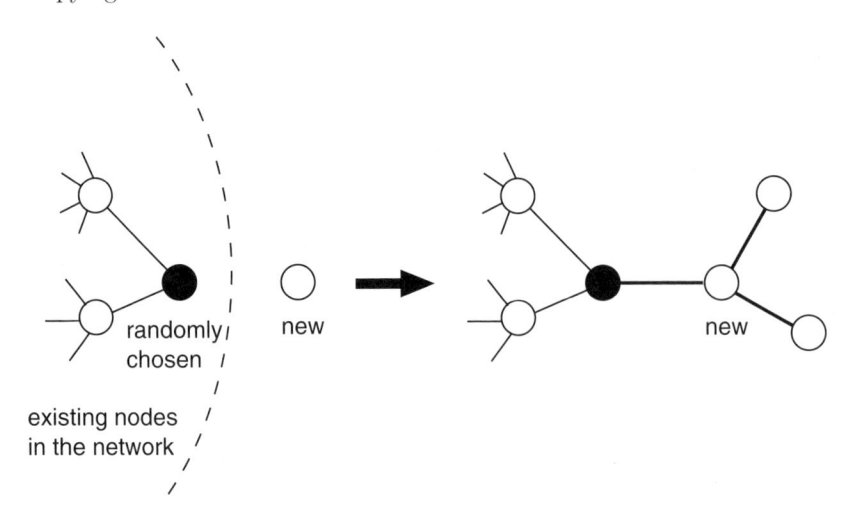

図 5.3　Copying モデル．

5.2.2 次数分布の解析と注意点

成長するネットワークの解析に役立つレート方程式[47]を用いて，部分構造のコピー操作による平均的振舞いとして

$$\frac{dn_1}{dt} = -\frac{n_1}{N} + \sum_{k \geq 1} \frac{kn_k}{N}, \tag{5.8}$$

$$\frac{dn_k}{dt} = \frac{2n_{k-1} - n_k}{N}, (k \geq 2) \tag{5.9}$$

を考える．n_k は次数 k のノード数，$N \stackrel{\text{def}}{=} \sum_{k \geq 1} n_k$ は総ノード数を表す．式 (5.8) 右辺第1項はランダム選択された次数1のノードが新ノードとの相互結合によって次数2になる減少分，第2項は次数 k のノードがランダム選択された際に図5.3右の新ノードに付随する次数1のノード追加分である．また式 (5.9) 右辺第1項はランダム選択された次数 $k-1$ のノードが新ノードとの相互結合によって次数 k になる増加分とそのコピーとして新ノードの次数が k になる増加分，第2項は同様に次数 k のノードが次数 $k+1$ になる減少分である．

まず，k に関して式 (5.8) (5.9) の和をとると，総ノード数に関する方程式

$$\frac{dN}{dt} = \frac{\sum_k n_k}{N} + \frac{\sum_k kn_k}{N} = 1 + \frac{2(N-1)}{N} \tag{5.10}$$

を得る．上式右辺の第2項は，2ノード連結の初期構成 $N(0) = 2$ から生成されるネットワークが木構造となるために，総リンク数の倍に等しい分子の次数和 $\sum_{k \geq 1} kn_k$ が $2(N-1)$ となることによる．

式 (5.10) は変数分離形 $\int dt = \int NdN/(3N-2)$ になるので，その解は

$$t + C = \frac{N - \left(2 + \log(4^{2/3})\right)}{3} + \frac{2}{9} \log(3N-2)$$

となる．ここで C は積分定数である．上記で非支配的な対数項を無視すると，初期条件 $N(0) = 2$ を用いて以下の近似解を得る．

$$N(t) = 3t + 2. \tag{5.11}$$

次に，式 (5.8) は以下の 1 階線形微分方程式に書き直せる．

$$\frac{dn_1}{dt} + f(t)n_1 = g(t), \tag{5.12}$$

$$f(t) \stackrel{\text{def}}{=} \frac{1}{N(t)},$$

$$g(t) \stackrel{\text{def}}{=} \sum_{k \geq 1} \frac{kn_k(t)}{N(t)} = \frac{2(N(t)-1)}{N(t)}.$$

この式 (5.12) に対して，以下の解が得られる [80]．

$$n_1 = e^{-\int f(t)dt} \left(\int e^{\int f(t)dt} g(t)dt + A_1 \right) \tag{5.13}$$

$$= \frac{3t+2}{2} - 2 + \frac{A_1}{(3t+2)^{1/3}} \tag{5.14}$$

定数 A_1 は初期条件 $n_1(0) = 2$ から定まる．また，式 (5.9) も同様に書き直せて，

$$\frac{dn_k}{dt} + f(t)n_k = h_k(t), \tag{5.15}$$

$$h_k(t) \stackrel{\text{def}}{=} \frac{2n_{k-1}(t)}{N(t)},$$

となる．$k=2$ の時，式 (5.13) (5.14) と同様に式 (5.15) の解

$$n_2 = \frac{3t+2}{4} - 4 + \frac{2A_1}{3(3t+2)^{1/3}} \log(3t+2) + \frac{A_2}{(3t+2)^{1/3}},$$

を得る．定数 A_2 は初期条件 $n_2(0) = 0$ から定まる．一般に $k \geq 3$ に対して，初期条件 $n_k(0) = 0$ のもとで同様な微分方程式 (5.15) が順に解ける．

大きな時刻 t では $n_k \to (3t+2)/2^k$ が支配的なので，これと式 (5.11) から指数分布

$$p(k) = \frac{n_k}{N} \to 2^{-k}.$$

を得る．これは 2.2.4 で述べた GEN モデルの次数分布とも一致する [190]．ただし，GEN モデルでは毎時刻に 1 個の新ノードが追加されて $N(t) = t$ であるのに対して，提案モデルでは式 (5.11) よりネットワーク規模を表す総ノード数が平均的に 3 倍の成長速度を持つ[4]．

---

[4] 式 (5.11) は平均的振る舞いであって，個々のサンプルとしてのネットワークではコピー操作によって各時刻で追加されるノード数は 3 個に限らず変化することに注意．

―連続近似の落とし穴―

ところで,レート方程式で記述した連続時間の近似は,離散時間のモデルの挙動に必ずしも合致するとは限らない.例としてまず,$\delta = 0$ でリンク除去の無い複写のみの D-D モデルを考える.

次数 $k \geq 2$ のノード数 N_k の平均的な変化は

$$\frac{dN_k}{dt} = \frac{N_k}{N} + \frac{1}{N}\{(k-1)N_{k-1} - kN_k\} \tag{5.16}$$

$$= \frac{k-1}{t}(N_{k-1} - N_k) \tag{5.17}$$

と書ける.ここで,総ノード数:$N = N_0 + t \approx t$,次数 k のノードの頻度:$p_k = N_k/N$.右辺第 1 項は新ノードの複製分,第 2 項は複製で次数 k が $k+1$ また $k-1$ が k になることによる増減を表す.

一方,次数 1 のノードは

$$\frac{dN_1}{dt} = \frac{N_1}{N} - \frac{N_1}{N} = 0.$$

つまり,時間とは無関係に常に一定値 $N_1(0) \neq 0$ 個が平均的に存在する($N_1(0)$ 個はコピーの種となる初期条件を表す).

式 (5.16) は,1 階線形微分方程式

$$\frac{dN_k}{dt} + N_k f(t) = g(t)$$

の形に書き直せる.ただし,

$$f(t) \stackrel{\text{def}}{=} \frac{(k-1)}{t},\, g(t) \stackrel{\text{def}}{=} \frac{(k-1)N_{k-1}}{t}.$$

ゆえに,その解は積分定数 A_k を用いて,$\int f(t)dt = \ln t^{k-1}$ より,

$$\begin{aligned} N_k(t) &= e^{-\int f(t)dt}\left(\int e^{\int f(t)dt} g(t)dt + A_k\right) \\ &= \frac{1}{t^{k-1}}\left(\int t^{k-1}\frac{k-1}{t}N_{k-1}(t)dt + A_k\right) \end{aligned}$$

となる.$k = 2$ の時,

$$N_2(t) = N_1 + \frac{A_2}{t}.$$

時刻 t_0 の初期構成における次数 1 と 2 のノード数の差に応じて，$A_2 = (N_2(t_0) - N_1)t_0$ の値が正または負になること，および，

$$\frac{dN_2}{dt} = -\frac{A_2}{t^2}$$

から，$N_2(t)$ は単調減少あるいは単調増加となる．また，$N_2(\infty) \to N_1$ に収束する．

一般に，$k \geq 3$ でも，

$$N_k = N_1 + \sum_{k'=2}^{k-1} \frac{A_{k'}}{t^{k'-1}} \frac{\Gamma(k)}{\Gamma(k')\Gamma(k+1-k')} + \frac{A_k}{t^{k-1}} \quad (5.18)$$

$$= N_1 + \sum_{k'=2}^{k-1} \frac{A_{k'}}{t^{k'-1}} {}_{k-1}C_{k'-1} + \frac{A_k}{t^{k-1}}, \quad (5.19)$$

となる．初期構成 $\{N_k(t_0)\}$ に依存した A_k の値に従って，$N(t)$ は時間変数 t に関して単調変化でなく変曲点があるかも知れないが，$N_k(\infty) \to N_1$ に収束すると考えられる．

ここで，解 (5.19) より式 (5.17) の左辺は，

$$\frac{dN_k}{dt} = -\sum_{k'} -(k'-1)\frac{A_{k'}}{t^{k'}} \frac{\Gamma(k)}{\Gamma(k')\Gamma(k+1-k')} - (k-1)\frac{A_k}{t^k}$$

$$= -\frac{k-1}{t}\left(\sum_{k'} \frac{A_{k'}}{t^{k'-1}} \frac{\Gamma(k-1)}{\Gamma(k'-1)\Gamma(k+1-k')} + \frac{A_k}{t^{k-1}}\right).$$

右辺の $\frac{k-1}{t}(N_{k-1} - N_k)$ は，

$$\frac{k-1}{t}\left\{\sum_{k'} \frac{A_{k'}}{t^{k'-1}\Gamma(k')}\left(\frac{\Gamma(k-1)}{\Gamma(k-k')} - \frac{\Gamma(k)}{\Gamma(k+1-k')}\right) - \frac{A_k}{t^{k-1}}\right\}$$

$$= \frac{k-1}{t}\left\{\sum_{k'} \frac{A_{k'}}{t^{k'-1}} \frac{\Gamma(k-1)}{\Gamma(k'-1)\Gamma(k+1-k')}\left(\frac{k-k'}{k'-1} - \frac{k-1}{k'-1}\right)\right.$$

$$\left. -\frac{A_k}{t^{k-1}}\right\}$$

$$= \frac{k-1}{t}\left\{\sum_{k'} \frac{A_{k'}}{t^{k'-1}} \frac{\Gamma(k-1)}{\Gamma(k'-1)\Gamma(k+1-k')}\left(\frac{-(k'-1)}{k'-1}\right) - \frac{A_k}{t^{k-1}}\right\}$$

となって左辺と一致するので，式の上では上記の議論は成り立つ．

同様に，リンク除去無 ($\delta = 0$) で，突然変異による既存ノード間のリンク追加をする場合 ($\beta \neq 0$) を考える．このとき，式 (5.17) が

$$\frac{dN_k}{dt} = \frac{k-1}{t}(N_{k-1} - N_k) + \frac{2\beta}{t}(N_{k-1} - N_k)$$

に置き換わることにより，t^{k-1} の項が $t^{k-1+2\beta}$ になって解 (5.19) は

$$N_k = \frac{A_k}{t^{k-1+2\beta}} + \sum_{k'=1}^{k-1} \frac{A_{k'}}{t^{k'-1+2\beta}} \frac{\Gamma(k+2\beta)}{\Gamma(k'+2\beta)\Gamma(k+1-k')} \tag{5.20}$$

となる．一方，$\frac{dN_1}{dt} = -\frac{2\beta}{t}N_1$ より単調減少解 $N_1(t) = A_1 t^{-2\beta}$ となる．ゆえに，初期構成 $\{N_k(t_0)\}$ に依存した A_k の値の正負によって $N_k(t)$ は時間変数 t に関して増減してもやがて全て零に収束すると考えられる．

ところが，近似解析の式 (5.19) (5.20) は実際にネットワーク成長を数値シミュレーションした平均的な挙動と異なる．つまり，誤った結果を導く．この原因は非自己平均的な特異性によるのかも知れない．

5.2.3 壺モデルで分類整理

各時刻におけるネットワークのノード位置やリンク接続の情報を保持する隣接行列のデータ構造が[5])不要な，図 5.4 (a) に示すマルコフ連鎖を用いた，次数分布 $p(k) = n_k/N$ の数値計算法 [152] を提案する．これは各次数 $1, 2, \ldots, k, \ldots$ ごとに壺を用意して，次数 k のノードが生成されるごとに，該当する壺に 1 個ボールを入れていくことを繰り返す壺モデル [191] を考えていることに他ならない．以下，マルコフ連鎖の状態ベクトルの各要素 k が壺に，その要素の値 n_k がその時点で壺に存在するボールの個数に相当する．

図 5.3 の Copying モデルにおいて，一様ランダムなノード選択によるコピー操作で次数 1 のノードが選ばれる確率は，ネットワーク上にその次数のノードが存在する個数に比例するので n_1/N となり，状態ベクトルは

$$(n_1, n_2, \ldots) \to (n_1, n_2 + 2, \ldots)$$

---
[5])隣接行列は N^2 個の要素に対する記憶領域を必要とし，N が数十〜百万程度になるとメモリ限界の問題が生じうる．

と遷移する．$N = \sum_k n_k$ は確率の正規化因子でもある．一方，次数 k のノードが選ばれる確率は n_k/N で，状態ベクトルは

$$(n_1, \ldots, n_k, n_{k+1}, \ldots) \to (n_1 + k, \ldots, n_k - 1, n_{k+1} + 2, \ldots)$$

と遷移する．n_k は状態ベクトルの要素なので，**遷移確率は一定値ではなく状態に依存する**点は，これまでの確率モデルでは余り見当たらず，面数の分布という意味合いは違うものの 4.3.2 のマルコフ連鎖（図 11）[158] とは同様となる．

さて，一様ランダムなノード選択から，2.2 節の GN 木 [47, 49] のように利己性を持った，次数の ν 乗である k^ν に比例した確率のノード選択に修正してみる．すると，$\nu > 0$ の時，**図 5.4 (a) における状態遷移図は変らず，遷移確率のみが** n_k/N **から** $k^\nu n_k / \sum_\kappa \kappa^\nu n_\kappa$ **に置き換わる**．ここで，$t \to \infty$ において $dn_k/dt \neq 0$ となる非定常性に注意しよう．

さらに，確率 δ でコピーしたリンクを除去する場合に拡張する．次数 k のノードが確率

$$p_1 = \frac{k^\nu n_k}{\sum_\kappa \kappa^\nu n_\kappa}, \tag{5.21}$$

で選択される条件の元で，リンク除去によって次数 $0 \leq k' \leq k$ になったとすると，その時の状態遷移は

$$(n_1, \ldots, n_{k'}, \ldots, n_k, \ldots) \to$$
$$(n_1 + k', \ldots, n_{k'+1} + 1, \ldots, n_k - 1, n_{k+1} + 1, \ldots)$$

となる．その状態遷移は図 5.4 (b) に従い，その遷移確率は $p_1 \times p_2$，

$$p_2 = {}_k C_{k'} \delta^{k-k'} (1-\delta)^{k'} \tag{5.22}$$

で表される．

まとめると，$\nu = 0$ の一様ランダムなノード選択では $p_1 = n_k/N$ で状態遷移は図 5.4 (a) または (b) に従い，完全なコピーまたはリンク除去の $\delta = 0, 1$ では $p_2 = 0$ で状態遷移は図 5.4 (b) の一部のみに従う．一般に $\nu > 0, 0 < \delta < 1$ では，図 5.4 (b) に従う状態遷移で，その遷移確率は式 (5.21) (5.22) の $p_1 \times p_2$ となる．図 5.5 に，GN 木と GEN モデルを含めたネットワーク生成モデルの

5.2 より性質の良いコピーの仕方を考えよう

包含関係を示す.提案した Copying モデルはそれらを一般化したクラスに属すると言える.

以下は,このマルコフ連鎖の枠組みで数値計算した結果である.図 5.6 は,$\delta = 0$ のリンク除去無で,優先的なノード選択の強弱に対応する $\nu = 0$: Uniform Random Attachment (URA), $\nu = 0.5$: Weak Preferential Attachment (WPA), $\nu = 1.0$: Preferential Attachment (PA1), $\nu = 2.0$: PA2 の場合の総ノード数の時間的変化を示す.従来の加速度成長モデル [190, 192] と異なり,総リンク数の非線形成長関数を外から与える事なく,ネットワーク成長モデルのミクロな処理のみで t^α 性が利己的選択の $\nu > 0$ の時に自然に生じてる点を強調しておきたい[6].このような総ノード数の加速度的成長は,Web サーバー [193],インターネットの AS[194],都市道路網の交差点 [195] などにも見られ,それらとの関連性は興味深い今後の課題となろう.

---

[6]図 5.1 の D-D モデルでは毎時刻に 1 個の新ノードが追加され,総ノード数は明らかに時間に比例して加速度成長はないことにも注意.

(a) $\delta = 0$

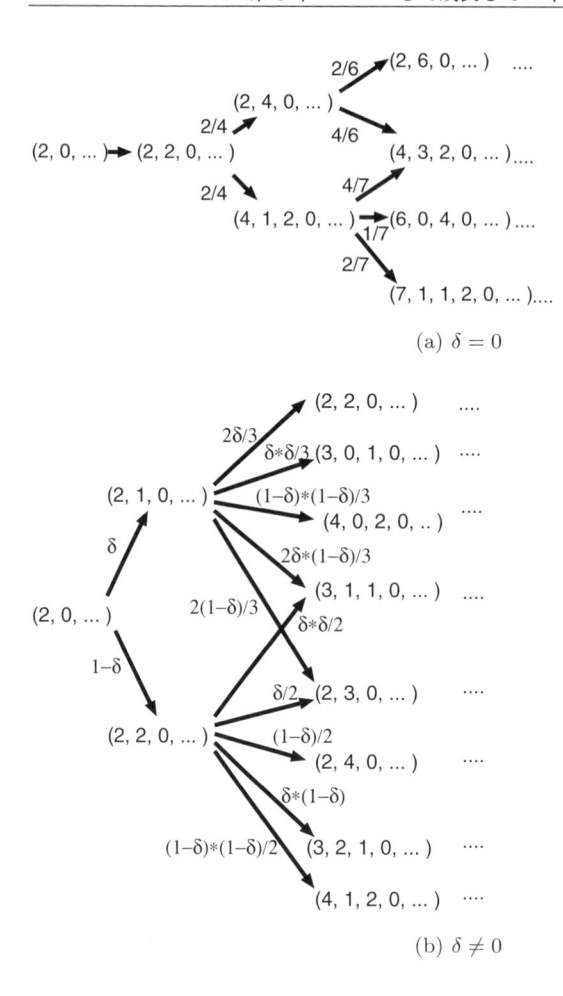

(b) $\delta \neq 0$

図 5.4 $\nu = 0$ の一様ランダムなノード選択における状態ベクトル $(n_1, n_2, \ldots, n_k, \ldots)$ のマルコフ連鎖. (a) 最初の数ステップの状態遷移と遷移確率 $p_1 = n_k/N$. (b) 最初の数ステップ $k = 1, 2$ の状態遷移と遷移確率 $p_1 \times p_2$, $p_2 = {}_k C_{k'} \delta^{k-k'}(1-\delta)^{k'}$, $k' = 0, 1, \ldots, k$.

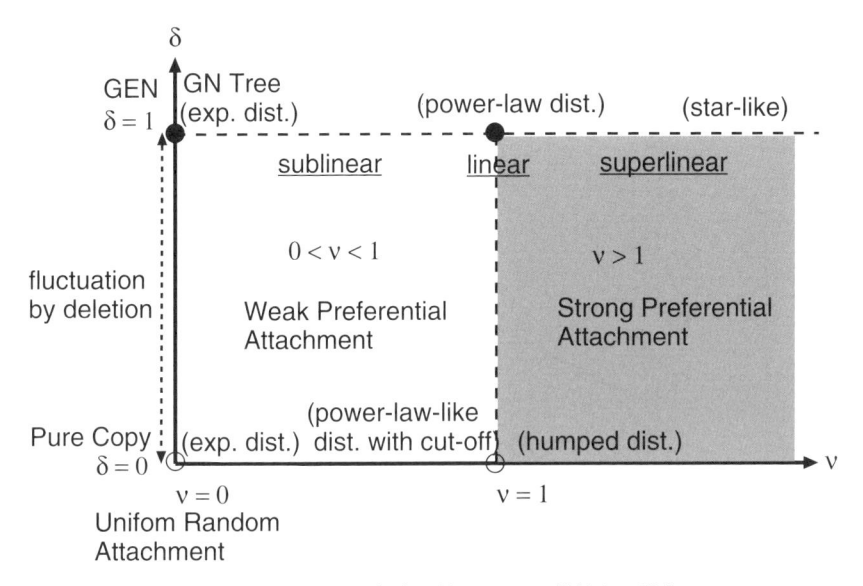

図 5.5 ネットワーク生成モデルの包含関係. $\delta = 1$ の横線上が従来モデルの GEN と GN 木で, $\delta = 0$ の横線上はリンク除去無の Copying モデル. $0 < \delta < 1$ では次数分布形の揺らぎを伴ってこれらを補間する.

次数分布 $p(k)$ は，リンク除去無の図 5.7 (a) では，URA：指数分布，WPA：カットオフ付べき乗的分布，PA1 と PA2：こぶ状の第 2 ピークを持つべき乗的分布となっている．リンク除去を加えた場合の図 5.7 (b) でも，それらの分布形は若干揺らぐ程度でほとんど変らない．

図 5.8 は，優先的なノード選択の強弱に対応する ν とリンク除去率 δ の値の種々の組合せにおいて，自己平均性が保たれることを示す．ただし，利己性の度合いに相当する優先的選択が強くなるほど，収束は遅くなる．

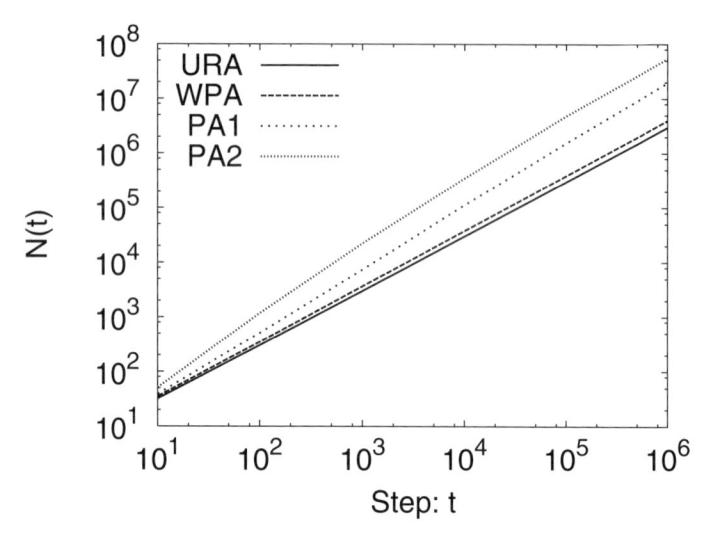

図 5.6 加速度的成長:$N(t) \sim t^\alpha$. 両対グラフの傾きとしての指数は下から順に, URA, WPA, PA1, PA2 に対応して, $\alpha = 1.0, 1.012, 1.147, 1.204$ と推定される.

(a) $\delta = 0$

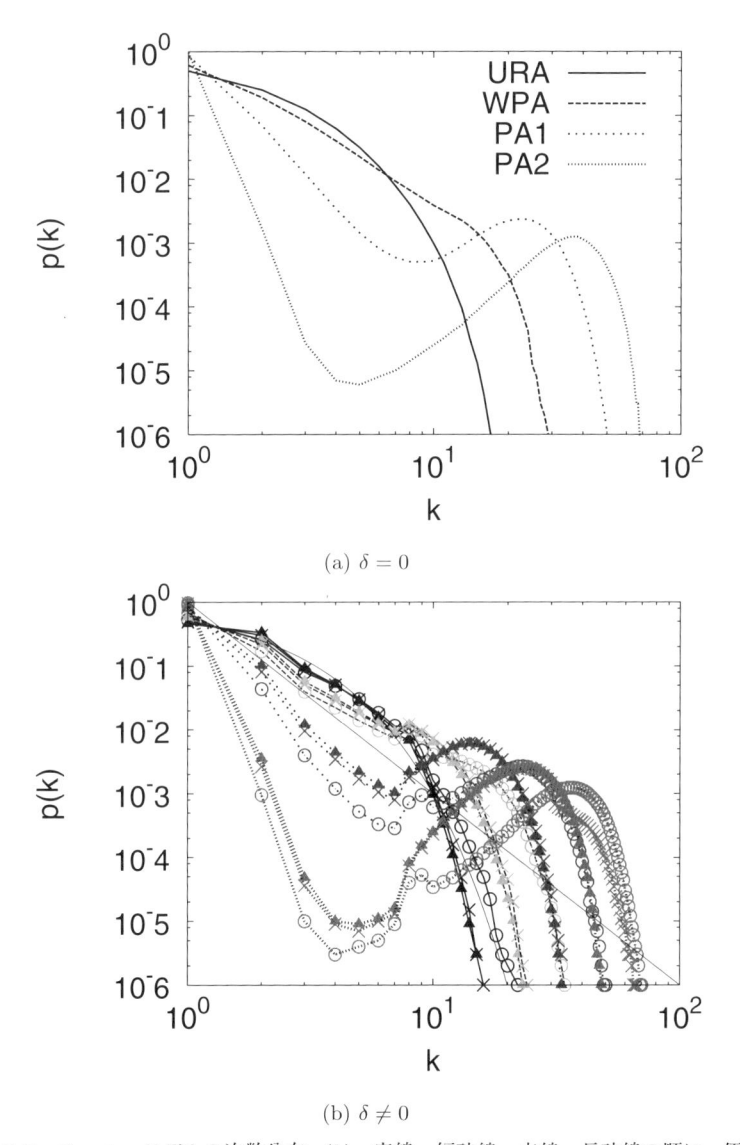

(b) $\delta \neq 0$

図 5.7 Copying モデルの次数分布 $p(k)$. 実線, 短破線, 点線, 長破線の順に, 優先的なノード選択の強弱に対応する $\nu = 0, 0.5, 1.0, 2.0$ の場合で, △, ×, ○ の印はリンク除去率 $\delta = 0.1, 0.5, 0.9$ の場合を示す.

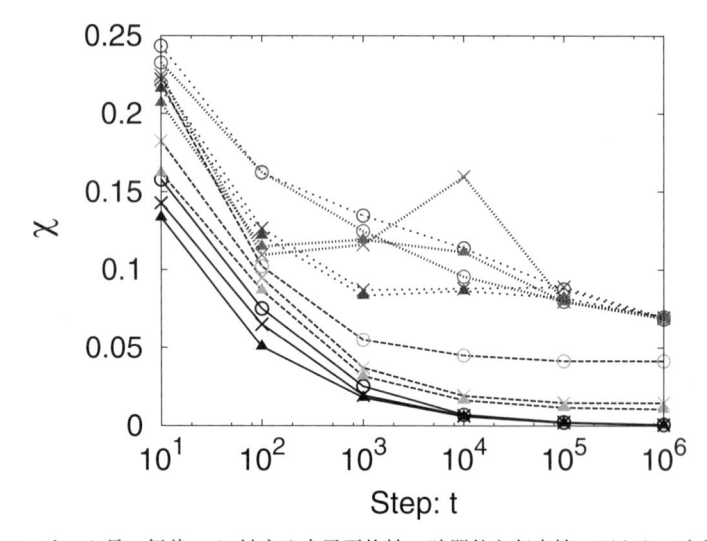

図 5.8 リンク長の偏差 χ に対する自己平均性：時間的な収束性．下から，実線，短破線，点線，長破線の順に，優先的なノード選択の強弱に対応する $\nu = 0, 0.5, 1.0, 2.0$ の場合で，△，×，○ の印は図 5.7 と同様にリンク除去率 $\delta = 0.1, 0.5, 0.9$ の場合を示す．

§5.3
文献と，関連する話題

　類似したネットワークの部分構造が見られる例は存在する．北海道および南ア共和国における鉄道線路の進展に伴った都市システムの発展に共通する時期区分として，形成期：沿岸地域が開発の中心となる港湾都市の卓越時代，発展期：内陸地域の開発が進展した三都市卓越時代，再編成期：内陸地域に経済核心地域が移動した首都卓越時代，が知られている [176]．他にも，世界各地に点在する中華街やイスラム街など都市構造が似た例があり，部分的なコピーによって形成された可能性はありうる．
　ネットワークだけでなく，**より広い人間行動の複雑さの起源も比較的単純な模倣の原理に従うのかも知れない** [196]．株取引，集団パニック，民族主義によ

る争い，などの事件や出来事が歴史の反省に懲りず繰り返し生じるのは，

- 元々，理性による論理的思考は不得意で，むしろ直観で判断しやすい
- 他者との関わりの中で学習し，適応していく
- 進んで人の真似をしようとする
- 仲間と協調しようとする一方で，よそ者には敵意を向けやすい

などの特性を持つ多数の人間が「社会の原子」として相互作用することで「病的な社会行動のパターン」を誘発すると考えることができる．物理学や生物学と社会現象の関連性の他にも，**企業イノベーションにおける「模倣」の例 [197] は「遠い世界からの意外な学び」として参考になる**だろう．

D-D モデルはネットワーク科学の黎明期における書籍の章 [198] でも紹介されている．時間変化する非定常な次数分布 $p(k,t)$ の漸近解析が分かりにくいながら在る [199] が，(壺モデル [191] を含めて) レート方程式を解析的に解くのは一般に難しい．毎時刻に新ノードを 1 個追加しながら，出次数 l 以上のノード m 個をランダム選択して，新ノードからそれら m 個のノード[7])とそれら各々の隣接ノードから l 個をランダム選択した先に合計 $m(l+1)$ 本リンクすることを繰り返すモデルにおける，べき乗次数分布の解析は報告されている [200]．m と l の値は分布 $q(m), p(l)$ に従って毎時刻で変ってよい．

ランダム選択ノードの隣接ノードのランダム選択が次数の大きいノードの優先的選択に相当することは理論的興味だけに留まらない．実際この二段階のランダム選択がノード攻撃に適用されたら，ハブ攻撃への確度が高まり深刻な事態をもたらしかねないので，1.4 節で述べた現実に多く存在する SF ネットワークの脆弱性を克服する為の研究は (2003 年頃に指摘され [201] 最近やっと糸口が見出された，次数相関を考慮した玉ねぎ状構造 [202, 203, 204] や，本書で紹介する SF 構造以外の自己組織化を含めて) より重要となる．

一方，ピア同士が直接通信し合って分散コンピュータシステム上でファイル共有を行う P2P システムの Gunutella ネットワークにおいて，こぶ状の次数分布の実測結果と，ネットワーク成長モデルによるその再現が報告されている [205]．このモデルは，実際にブートストラップ プロトコルによってピアの新ノードが

---

[7]) この m 個のノードとの結合は，Copying モデルにおける新ノードと選択ノードとの相互結合に相当する．

結合先として処理能力やストレージ容量等に関して優良なノード (super-peer と呼ばれる) を選んでいること [206], および, そうしたノードの優良さを表す適応度 (fitness) [207] と次数の積に比例した優先的選択に従うと考えられること, に基づく. ただし, 入次数と出次数の分布の差 [208] を考慮しないといけないのかも知れない.

コラム 5：考古学におけるコピー進化

　生物における分子進化の中立説によれば，分子レベルの進化の大部分は自然淘汰に良くも悪くもない中立な突然変異が偶然に遺伝的浮動によって集団中に広がって固定することによると考えられている [209, 210]．しかも，集団が大きいほど自然淘汰が有効に働き，小さいほど突然変異による浮動の効果が大きくなる．

　この中立説に基づく Random drift モデルでは，図 5.9 (a) に示す N 個の各個体が $t = 1, 2, \ldots,$ の世代交代の時に 1 つ前の世代から一様ランダムに選択した種をコピーして引き次ぐ一方，影付き箱で示された一定割合 ν の個体に突然変異が起こるとする．ここで 1 から M の数字は種の違いを表す．

　この Random drift モデルは「文化的変化」に対しても適用され，生物の種に相当する，**人の出生時に授けられた名前，学術論文の引用，遺跡の住居や陶器に刻まれた文様，特許の引用などにおける頻度分布**が説明できる [211, 212, 213]．

　　すなわち，ある一定期間内に引き継がれた（ランダムなコピー操作の回数に相当する）出現頻度が高いのは，「翔太」や「結衣」など極少数の限られた命名で，他の大多数の命名はさまざまで出現頻度が低い．同様に，出現頻度が高いのは，極少数の有名な論文，特定の文様，重要特許などで，これらは縦軸を出現頻度に横軸をその種がコピーされた回数（全体のコピー数で正規化するとその種が全体に占める割合）とした裾野の長い共通の分布形状を示す．

　図 5.9 (b) は，M 種類の種ごとの壺を考え，各種 i の個体数をボールで表現した壺モデルである[8]．世代交代の毎ステップ t で，どこかの個体からコピーされた分だけ種は引き継がれ，コピーされなければ消える．ただし，一定割合 ν だけはランダムな種が突然変異として発生し，突然変異とコピーによるボールの総数は常に一定数 N である．M 個の壺に複数個の重複を許して N 個のボールを配分する組合せ数は，以下のように N 個のボールと $M - 1$ 個の壺の右側

---

[8] 壺をバケツに，単位時間に各バケツに入るボールの数を雨量に対応させることもできよう [31]．この表現では，優先的選択などは一様に雨が降らずに，あるバケツに雨が集中することになる．

の仕切りを表す $M+N-1$ の箱から N 個のボールを置く位置を選ぶ場合の数 $_{M+N-1}C_N$ となる．ボール総数 N から，M 番目の最後の壺は右側の仕切りがなくても入るボールの個数が決まるので，仕切りの数は $M-1$ で足りる．

$$\bigcirc\bigcirc|\bigcirc\bigcirc\bigcirc|\bigcirc|\bigcirc\bigcirc\bigcirc\bigcirc|\;|\bigcirc$$

この配分を状態と考えれば，全ての組合せに対する状態間の完全グラフ上で有限マルコフ連鎖をなす．遷移確率はその時点の状態や突然変異の確率 ν に依存する．一方，頻度分布としてある一定期間のコピー回数を測る [212, 213] のであれば，各ボールは消えずに全て残ると考えればよい．

さらに，一様ランダムに選択せず1つ前の世代で最も少ない種を確率的に選択してコピーする場合では，P2Pシステムの次数分布 [205] に似た，こぶ状の分布が得られている [214]．

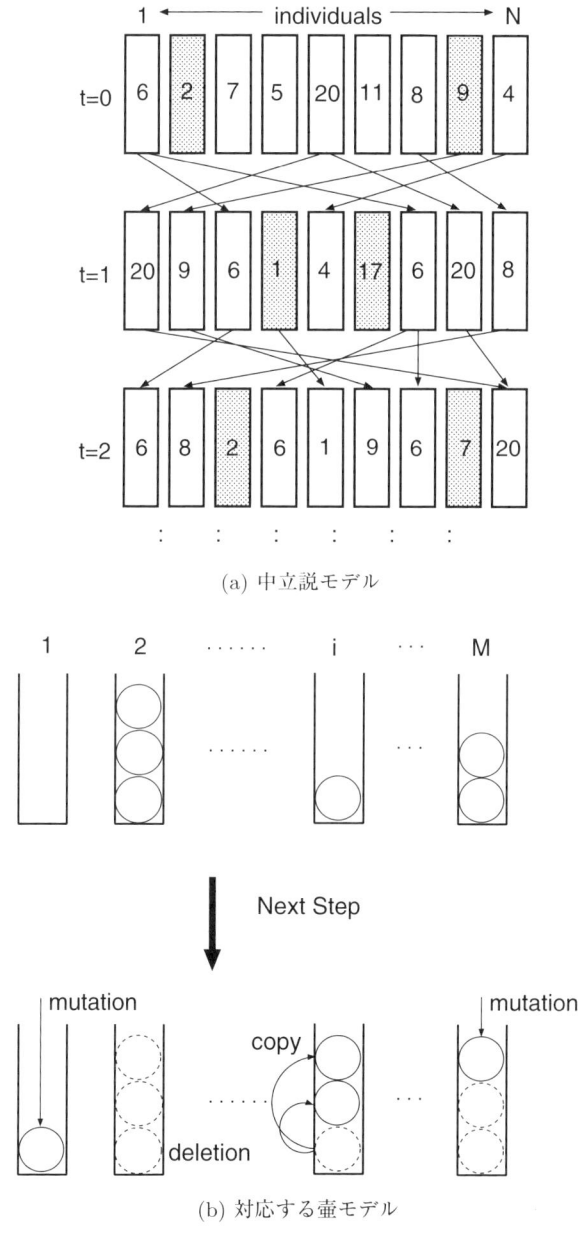

コラム 5：考古学におけるコピー進化　　　**123**

(a) 中立説モデル

(b) 対応する壺モデル

図 **5.9** Random drift モデル.

第6章
ビッグデータへの対処

　今日，インターネット上のSNS（ソーシャルネットワーキングサービス）[1]によって，これまで全く見ず知らずだった人々がつながり，ビジネス世界のみならず共通の趣味や興味などを通じた大規模な社会ネットワークを形成している．例えば，Twitterのアクティブユーザは全世界で約2億人，1日あたり3億ツイートのやり取りがなされ，日本国内でも1千万人以上の訪問者数があると言う[2]．Facebookでも同様に，日本国内で1千万人以上の利用者がある[3]．**利用者が増えれば当然ながら，SNSネットワークが経済活動や社会活動に何らかの影響を与える度合いが増し，重要なデータ分析の対象となる．**

　一方，こうした大規模な社会ネットワークを分析するには，まさにビッグデータをどう扱うかに関わった深刻な問題が多々発生しうる．データを格納するメモリ容量の限界にぶつかればネットワーク自体が記述できない．すると，部分的な統計サンプルでネットワーク全体の特性を正しく推定する方法が必要となる．また，数日から数ヵ月の現実に耐え得る時間内で終わらないほど，分析の計算量が膨大ならば，近似計算法が必要となる．

　本章では，現実の大規模データを想定して，ネットワークの中心性の高速な近似計算アルゴリズムに関する最新トピックスを紹介する．また，数値シミュレーションにおける確率計算の工夫についても触れる．

---

[1] ちなみに，日本のインターネットユーザ約9千万人中の半数超にあたる約5千万人がSNS利用者で，利用率が高いのはFacebook：34％，LINE：27％，Twitter：26％，mixi：22％，Skype：16％とのこと．http://blog.zaq.ne.jp/chikuwa/article/375/
[2] http://www.724685.com/twitter/tw13050310.htm
[3] http://ascii.jp/elem/000/000/778/778684/

§ 6.1
中心人物（ノード）は誰だ

　財界，政界，○○業界，地域社会，趣味サークルなどで，誰がそれらのネットワーク組織において大きな影響力を持っているのかを探ることは，実社会での取引や交渉，新企画や提案などをスムーズに行う上で欠かせないことが多い．そうしたネットワークの中心人物を考えてみよう．

　例えば，1本のリンクのみでつながる（次数1の）人はネットワークの中心位置に居ない．単に端の方でぶらさがってるだけなのは明らかである．一方，沢山の人々とつながってるハブ的な人は局所的には影響力を持つが，求心力を失って声が届かなくなった派閥政治家のように辺縁に位置することもありうる．では，さまざまな社会的つながりのネットワークにおいて，中心人物をどのように考えて定義したらよいのであろうか？

　図 6.1 は，ある企業における営業，研究開発，本社スタッフ等の異なる部門組織に属する人々のつながりに基づく社会的関係を表している．ノードが人で，その印の濃淡が属する組織の違いを示す．通常，同じ組織内では情報は比較的伝わりやすいが，職場の近さ（同じフロア／ビルと遠い拠点では大きな差がある），業務上の秘密主義や慣習，世代感を反映する年齢や入社年度，管理職と平社員といった職責の違いなどによる理由で組織の壁が存在しがちである．そこで，異なる組織をつなぐ（顔効き的な）役割を持つ結節点となる人物は，情報共有や意志決定をスムーズに促す観点から重要であり，社会的なつながりのネットワークの中心人物と考えてもよさそうである．橋渡し的な中心人物が複数いても不自然ではない．しかも，結節点は 1.5.2 で紹介した触媒の役目も果たすと考えられる．

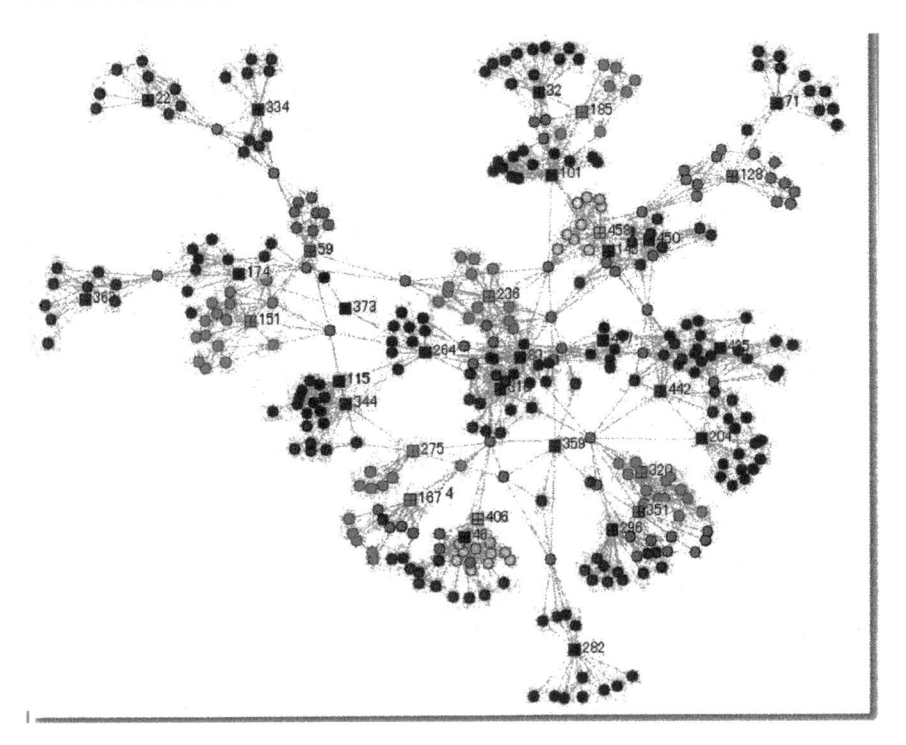

図 6.1 ある組織の人的つながりを表すデータ例．

§ 6.2
大規模ネットにおける媒介中心性の求め方

　ネットワークの中心性を具体的に測る指標として，ノードやリンクの媒介中心性 [215] を考えてみよう．この指標は（たらい回し的な仲介をしない）最短経路がノードやリンクを経由する頻度で定義され，例えば，2 つの**コミュニティをつなぐ橋渡し役のノードやリンクではその中心性が高くなる**．なぜなら，コミュニティ間を行き来する経路は必ず橋渡し役のノードやリンクを経由するから必然的に頻度が高くなる．短い経路となるのに貢献するのなら，次数の大きいハブでも経由頻度は高くなる．

コミュニティは，企業グループやある程度密につながっているフォーマルな業務上の組織あるいはインフォーマルなネット仲間に属する人々と考えて，橋渡し役がいろいろなコミュニティに影響を与える可能性を中心性として数値化している

と思えばよい．ネットワーク上で物資や情報を仲介する要となる人物や企業（その間を頻繁に通る経路上の）：ノードやリンクを重要と捉える指標である．媒介中心性が高いノードやリンクはバックボーン的な幹線に相当する．

6.2.1 媒介中心性の近似計算法

最小ホップ数などのルーティング基準にしたがって選んだ最短経路で，送信元ノード s と受信先ノード t を結ぶ σ_{st} 本の経路がノード v を経由する頻度（v を経由する最短経路の本数）を $\sigma_{st}(v)$ と表記する．また，中継する経由ノードにおける転送負荷のみならず送信や受信をする際の負荷をも考慮して，v が送受信ノード s や t である場合[4])は

$$\sigma_{st}(s) = \sigma_{st}(t) = 1,$$

と定義する．ノード v とリンク (u, v) の媒介中心性は，s から t へ単位量のフローを流した際に v や (u, v) を通過する割合（フローの分配率または寄与度）を考えて，全てのノードペア s, t の組合せに関する和をとり以下で定義される．

$$B(v) \stackrel{\text{def}}{=} \sum_{s,\, t \in V} \frac{\sigma_{st}(v)}{\sigma_{st}}, \tag{6.1}$$

$$B(u, v) \stackrel{\text{def}}{=} \sum_{s,\, t \in V} \frac{\sigma_{st}(u, v)}{\sigma_{st}}. \tag{6.2}$$

このように，媒介中心性は（ホップ数で測った長さの）最短経路に基づくため，基本的には Dijkstra 法 [218] などを用いて計算できるが，より効率的なアルゴリズム [37, 219] も考案されている．しかしながら，SNS データなどに適用

---

[4])これは effective betweeness centrality と呼ばれる [216]．本節の議論は若干の修正で始終点の負荷を排除した $\sigma_{st}(s) = \sigma_{st}(t) = 0$ の場合にも適用できる [217]．

すると，ネットワークのサイズ N が 10^6 以上になることも想定され，上記の方法では計算量が膨大となって実質的に求めるのは困難となる[5]．

そこで，任意の s から長さ L ホップまでの経路で到達可能な t までに範囲限定した媒介中心性 (range-limited betweeness centrality) [217]

$$B_L(v) \stackrel{\text{def}}{=} \sum_{l=1}^{L} b_l(v), \tag{6.3}$$

から，$B(v)$ や $B(u,v)$ を推定することを考えてみよう [220]．$b_l(v)$ は，全てのノードペアの組合せの中で長さ l ホップの経路がノード v を経由する割合を表す．

図 6.2 はノード s から長さ r ホップまでの経路で到達するノード集合からなる部分グラフ $C_r(s)$ の外殻 $G_r(s)$ を示す．$C_r(s)$ は $C_{r-1}(s)$ と $G_r(s)$ の和で包含関係

$$C_0 \subset C_1 \subset C_2 \subset \ldots$$

が成り立つ．$G_0(s)$ は s のみで構成される．$G_l(s)$ 内で s から w への長さ l に限定した経路に関する以下の寄与度を考える．

$$b_l^r(s|v) = \sum_{w \in G_l(s)} \frac{\sigma_{sw}(v)}{\sigma_{sw}},$$

$$b_l^r(s|u,v) = \sum_{w \in G_l(s)} \frac{\sigma_{sw}(u,v)}{\sigma_{sw}}.$$

ノード v を経由する経路が 1 つもない場合は

$$\sigma_{sw}(v) = 0, \sigma_{sw}(u,v) = 0$$

とする．ここで，s から r ホップで到達する外殻 $G_r(s)$ 上に存在するノード v とリンク (u,v) を考えていることから，v と (u,v) から r の値が定まることに注意しよう．

---

[5] 例えば，携帯電話等の移動体通信ユーザを表す 556 万ノード，2682 万リンク，グラフ直径約 26 の社会ネットワークに対する媒介中心性を求めるのに，合計 562 コアの複数台のコンピュータで 6 日（1 個の CPU なら数千日！）を要したとの事 [217]．一方，本節の近似法では $L = 5$ ホップまでを 10 コアで計算できる [220]．

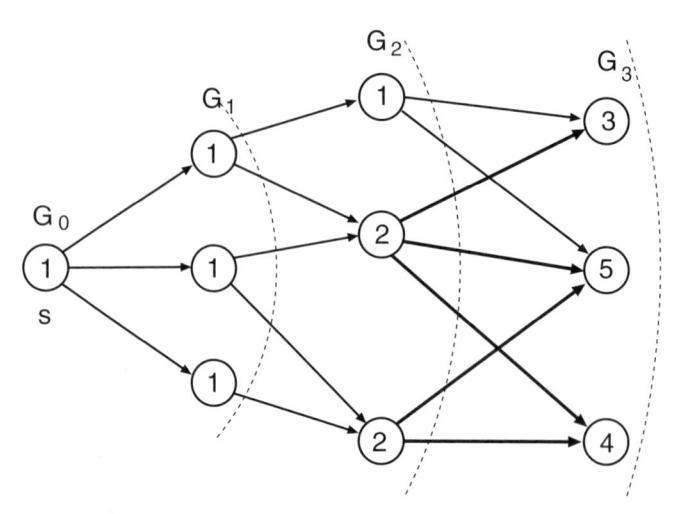

図 6.2 外殻 G_3 までの部分グラフ．丸内は各ノード $v \in G_r(s)$ にラベル付けされた s からの経路数 σ_{sv} を示す．

図 6.2 中の丸内にラベル付けされた数字は s から各ノード $v \in G_l(s)$ への最短経路の本数 σ_{sv} を示し，$u \in G_{l-1}(s)$ からリンク (u, v) を介して v に至る経路数の和に等しいことから，

$$\sigma_{sv} = \sum_u \sigma_{su}, \tag{6.4}$$

であり，また v には l ホップ目で初めて達するので

$$b_l^l(s|v) = 1, \tag{6.5}$$

である．

これらのラベル付けは，キューと呼ばれるデータ構造を用いた図 6.3 のような幅優先探索 [221] により，s に隣接するノードから順に 1 ホップずつ先を探索することで実現できる．窓口に客が並ぶように，キューには処理すべきノード ID（識別子）の情報が順に格納されて古い情報から取り出されて処理されていく．ただし，既に格納されたノードはスキップする．図 6.3 では s の隣接ノード i, j, k がまず格納され，次に i の経路数 σ_{si} を求めた後に隣接ノード l, m が格納され…，という具合に処理されていく様子を示す．

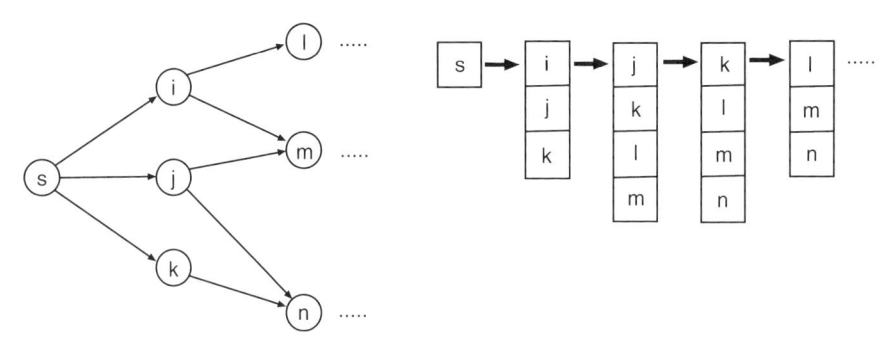

図 6.3 幅優先探索の模式図．左から右に時間順に，キューの箱にノード ID が一番下に格納されては一番上から取り出されて処理される．

一方，$u \in G_{l-1}(s)$ を経由する頻度は $v \in G_l$ からリンク (u, v) を介して見つけられるので，s に向かって逆方向に求める必要がある．これらはノード v のラベル σ_{sv} を使って求められる．例えば，図 6.2 の 3 ホップ目のラベル 5 が付いた G_3 上のノードに隣接する 3 本のリンクの寄与度はそれぞれ，$1/5, 2/5, 2/5$ となる（後述する式 (6.6) に対応）．また，図 6.4 のように，G_3 上のノードの寄与度は配分されたフローの湧き出し源として，これら $b_l(s|u, v)$ の和となる（後述する式 (6.7) に対応）．こうした寄与度を逆方向に求めていく．

(a)

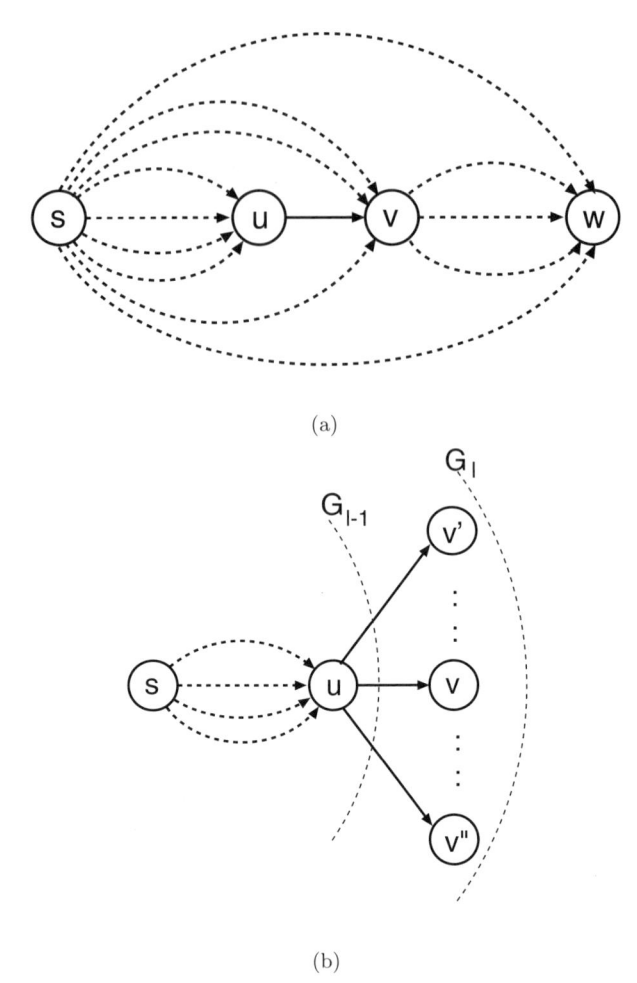

(b)

図 6.4 ノードやリンクの経由関係．(a) s から w への経路数 σ_{sw} と，u や v への σ_{su} と σ_{sv} について．図より $\sigma_{sw}(v) = \sigma_{sv}\sigma_{vw}$，$\sigma_{sw}(u, v) = \sigma_{su}\sigma_{vw}$ が分かる．(b) 式 (6.7) における $b_l^r(s|u)$ の計算について．

6.2 大規模ネットにおける媒介中心性の求め方

まとめると,ホップ数 l の経路に関する媒介中心性を求めるには,$l = 1, 2, \ldots, L$ に対して以下を繰り返せばよい.その際,送信元ノード s に対して $\sigma_{ss} = 1$,それ以外のノード $v \neq s$ に対して $\sigma_{sv} = 0, G_0 = \{s\}$ と初期設定する.

範囲限定の媒介中心性アルゴリズム

(1) 各ノード $u \in G_{l-1}$ からリンク (u, v) を介する幅優先探索を用いて,G_l を求める.

(2) 式 (6.4) と式 (6.5) から,σ_{sv} を計算して $b_l^l(s|v) = 1$ と設定する.

(3) $r = l-1, l-2, \ldots, 1, 0$ の順に $u \in G_r(s)$ と $v \in G_{r+1}(s)$ に対する

$$b_l^{r+1}(s|u, v) = b_l^{r+1}(s|v) \frac{\sigma_{su}}{\sigma_{sv}} \tag{6.6}$$

を用いて逆方向に

$$b_l^r(s|u) = \sum_v b_l^{r+1}(s|u, v) \tag{6.7}$$

を計算する.$l = 1$ の時は $r = 0$ で $u \in G_0(s)$ は s のみ,ゆえに式 (6.6) の分母は $\sigma_{su} = \sigma_{ss} = 1$ となる.同様に $l \geq 2$ では,$r < l$ の $u \in G_r(s)$ に対する σ_{su} は $l-1$ までに既に求まってる.

(4) $l = L$ の $G_L(s)$ に達してなければ,(1) に戻る.

元々の定義式 (6.1)(6.2) に対応した s に関する和と式 (6.3) に対応した l に関する和を考えると,外殻 $G_r(s)$ 上のノード u と $G_{r+1}(s)$ 上のリンク (u, v) に対して r の値は一意に定まり,

$$B_L(u) = \sum_{s \in V} \sum_{l=1}^{L} b_l^r(s|u), \tag{6.8}$$

$$B_L(u, v) = \sum_{s \in V} \sum_{l=1}^{L} b_l^{r+1}(s|u, v) \tag{6.9}$$

がそれぞれノード u とリンク (u, v) の媒介中心性の近似値を与える.

> **― ここに注目！ ―**
> ネットワーク上に独立に複数の波紋が広がるように，各ノード s ごとの $v \in G_r(s)$ への経路数 σ_{sv} の計算や式 (6.6) (6.7) の計算は他ノード $s' \neq s$ からのそれらの計算に影響を与えないので，**複数の CPU で分散処理できる**点でも都合がよい．

6.2.2 範囲の推定

さて，L の値をどう定めるか？$z_l(s)$ が外殻 $G_l(s)$ 上のノード数を表すとして，全ノード $s = 1, 2, \ldots, N$ に関するその平均値 $\langle z_l \rangle$ を考える．すると，与えられたネットワークサイズ N に対して，

$$Z_{L^*} = \sum_{l=1}^{L^*} \langle z_l \rangle = N \tag{6.10}$$

となる L^* ホップまでの範囲で平均的には妥当と考えられる[6]．特に，SW 性を持つ Erös-Rényi ランダムグラフや SF ネットワークとしての BA モデルおよび大規模な社会ネットワークでは，指数的な成長

$$\langle z_l \rangle \sim \langle k \rangle \alpha^{l-1} \tag{6.11}$$

となること，一様ランダムなノード位置の最近接グラフ [222] として平面に埋め込まれた Random Geometric Graphs (RGG) [99] や道路網では，べき乗的な成長

$$\langle z_l \rangle \sim \langle k \rangle l^{d-1} \tag{6.12}$$

となることが知られている [217, 220] （$\alpha, d > 0$ は定数）[7]．

---

[6] 個々のノードやリンクに対しては，媒介中心性の十分良い近似値を与えるのに必要なホップ数は若干異なる数値結果が報告されている [217]．ただし，中心性に従ったランキング順位は L^* 付近でほぼ変わらず，中心性が高いノードやリンクを見つける目的であれば問題ない．言い換えれば，中心性が上位のノードやリンクには各ノードから数ホップ程度内で既に最短経路の中継役として高い頻度で通過してると考えられる．

[7] このように裾野が長く大きな l まで存在するのはグラフの直径が大きいことを表し，3.4 節で示したように平面グラフでは最小ホップの経路の平均ホップ数が $O(\sqrt{N_T})$ で SW 性を示さないことにも関連すると考えられる．

6.2 大規模ネットにおける媒介中心性の求め方

式 (6.11) を式 (6.10) に代入して和を積分で近似すると

$$N \approx \int_1^{L^*} \langle k \rangle \alpha^{l-1} dl = \frac{\langle k \rangle}{\log \alpha} \left(\alpha^{L^*-1} - 1 \right),$$

$$L^* \approx \frac{1}{\log \alpha} \log \left(1 + \frac{\log \alpha}{\langle k \rangle} N \right) \sim \log N$$

を得る. 同様に, 式 (6.12) を式 (6.10) に代入して和を積分で近似すると

$$N \approx \int_1^{L^*} \langle k \rangle l^{d-1} dl = \frac{\langle k \rangle}{d} \left((L^*)^d - 1 \right),$$

$$L^* \approx \left(1 + \frac{d}{\langle k \rangle} N \right)^{1/d} \sim N^{1/d}$$

を得る.

数値的には以下のようにして式 (6.8) や式 (6.9) の媒介中心性を推定する. まず, 数ホップ分の $L < L^*$ まで式 (6.10) の $Z_l = \sum_{l=1}^{L} \langle z_l \rangle \sim \alpha^l$ を数値的に求め, 縦軸を対数にしたそのグラフの延長上で $Z_{L^*} = N$ に対応する L^* の値を推定する.

次に, 上記の $l = 1, 2, \ldots, L < L^*$ まで $b_l(s|u)$ を数値的に求めて, $b_l(u) \sim \alpha^l$ と同型の l に関する指数関数[8]である $B_l(u)$ のグラフを L^* まで推定線で延長して $B_{L^*}(u)$ を求める. ただし, 縦軸を対数とした片対数グラフの直線で近似が難しい場合は, $f(1) = \langle z_1 \rangle = \langle k \rangle$ や $g_u(1) = B_1(u)$ を満たす,

$$f(l) = (N - \langle k \rangle)^{(1-e^{-\lambda \times l})} + \langle k \rangle - 1,$$

$$g_u(l) = (B - B_1(u))^{(1-e^{-\lambda \times l})} + B_1(u) - 1,$$

のような曲線で近似する (B と λ はパラメータ). ここで, $b_l(u) \sim \alpha^l$ に関する以下の導出はやや煩雑なので省略するが,

$$b_l(u) \approx \beta_l k_u e^{\xi_l(u)} \sim \alpha^l,$$

$$\alpha_l \stackrel{\text{def}}{=} \langle z_{l+1} \rangle / \langle z_l \rangle \approx \alpha \stackrel{\text{def}}{=} \langle z_2 \rangle / \langle z_1 \rangle > 1, \langle z_1 \rangle = \langle k \rangle,$$

---
[8] d 次元空間に埋めこまれた RGG や道路網では, $b_l \sim l^d$, $B_L \sim L^{d+1}$ となる [217].

$$\beta_l = \frac{l+1}{2} \prod_{m=1}^{l-1} \alpha_m = \frac{l+1}{2} \frac{\langle z_l \rangle}{\langle k \rangle},$$

$$\xi_l(u) = \sum_{n=1}^{l-1} \frac{l+1-n}{l+1} \epsilon_n(u),$$

$$z_{l+1}(u) \stackrel{\text{def}}{=} z_l(u)\alpha_l(1 + \epsilon_l(u))$$

である [217]．$\epsilon_l(u)$ は比 α_l のノード u に関する平均からの揺らぎを表すが，数値計算では直接必要ない．一方，対象とするネットワークのデータからサイズ N と平均次数 $\langle k \rangle$ は既に定まっていることに注意しよう．

6.2.3　最短距離の経路等への拡張

　次に，最小ホップ数の経路のみならず，各リンクに距離等の重みが付いて経路上の重み和を最小にする経路を選択する場合に拡張して，範囲限定した媒介中心性による近似を考えてみよう．各リンクの重み値が全て 1 の特殊な時が，最小ホップ数の経路としてこれに含まれる．重みは距離に限らず移動の費用や流れやすさを表したり，（費用最小を効率最大で考えるなど）重み和の最小化の代りに最大化を経路選択の基準にすることも可能で，要はノードやリンクの順序付けができれば以下は適用できる．

　まず，s から v への距離（選択した経路上のリンク重みの和として）$d(s,v)$ が $W_{l-1} < d(s,v) \leq W_l$ となる l を考えて，v が外殻 $G_l(s)$ に属すると定義する．ここで，$W_1 < W_2 < \ldots < W_L$ はホップ数の代りとして例えば，$W_l = l \times \Delta w$ と一定の距離間隔 Δw で定める．この距離 $d(s,v)$ にしたがって，ノード $v(p)$ とリンク $(q_x(p), q_y(p))$ の順序を表 6.1 のように定める．p は順位を表す添字とする．$G_l(s)$ が 1 ホップごと隣接結合するノードに対して定まるわけではないので，隣接結合するノードが複数先の外殻に属したり同じ外殻内で隣接結合するノードが存在しうることが図 6.5 からも理解できよう．

6.2 大規模ネットにおける媒介中心性の求め方

表 6.1 最短経路の距離 $d(s, v(p))$, $d(s, q_y(p))$ に基づく順位.

順位 p	$v(p)$	距離 d
1	s	0
2	u	0.4
3	v	1
4	w	$0.4+0.7$
5	x	2
6	y	$0.4+2.1$
7	z	$0.4+0.7+2.4$

順位 p	$q_x(p) \to q_y(p)$
1	$s \to u$
2	$s \to v$
3	$u \to w$
4	$s \to x$
5	$v \to x$
6	$w \to x$
7	$u \to y$
8	$x \to y$
9	$w \to z$

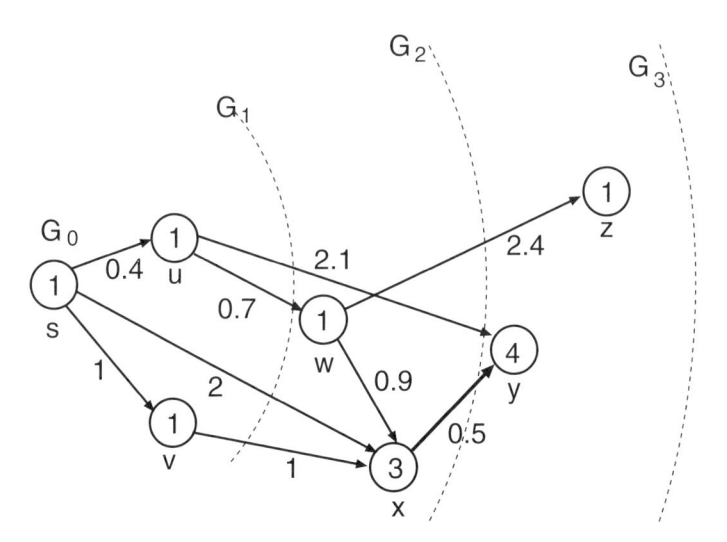

図 6.5 最短距離経路に対する部分グラフ. リンク付近の数は重み値を, 丸内は各ノード $v \in G_r(s)$ にラベル付けされた s からの経路数 σ_{sv} を示す.

これらの手続きを以下にまとめる. 6.2.1 と同様に初期設定は, $\sigma_{ss} = 1, \sigma_{sv} = 0, v \neq s, G_0 = \{s\}, l = 1$ とする.

リンク重み付きの場合のアルゴリズム

(1) 幅優先探索を用いて, W_l 以内の距離 $d(s, v)$ から短い順にノードとリンクの順位を定めながら, G_l を求める. その際, 最短距離の経路に含まれないリンクは順位リストに含めない[9)]. G_1 から G_l までに含まれるノードとリンクの数をそれぞれ N_l, M_l と表記する.

(2) s から $v \in G_l(s)$ への最短距離 $d(s,v)$ を与える経路数 $\sigma_{sv} = \sum_u \sigma_{su}$ を数える. ただし, リンク (u,v) が順位リストに入った際, u は $G_{l-1}(s)$ に属するとは限らず, v と同じ $G_l(s)$ や $G_{l'}(s)$, $l' < l-1$, の場合もある. また式 (6.5) と同様に
$$b_l^r(s|v) = 1$$
とする.

(3) リンク順位 $p = M_l, \ldots, 1$ の逆方向に $(q_x(p), q_y(p))$ に対して,
$$b_l^r(s|q_x(p), q_y(p)) = b_l^r(s|q_y(p)) \frac{\sigma_{sq_x(p)}}{\sigma_{sq_y(p)}}$$
を計算した直後に,
$$b_l^r(s|q_x(p)) = b_l^r(s|q_x(p)) + b_l^r(s|q_x(p), q_y(p))$$
を計算する. もし s から $q_x(p)$ に同じ距離の経路が複数存在しても, リンクは順位付けられてるので 1 つずつ更新する.

(4) $l = L$ の $G_L(s)$ に達してなければ, (1) に戻る.

注:Δw の設定値と式 (6.11) (6.12) の関係, および L^* への影響については未だ明らかになっていない.

[9)] s から各ノードへの最短経路が 1 本のみなら最短木が, 複数本あれば部分的な閉路を含む束が得られる.

§ 6.3 ルーティング中心性への拡張

媒介中心性は，ある基準で選択したノード間を結ぶ経路の本数とそれら経路が経由するノードやリンクの頻度の割合で定義されると考えれば，最小ホップ数あるいは最大フローの経路に限らず，任意の基準に対して一般化して適用できる [223]．例えば，3.4 節の貪欲ルーティング，4.3.1 の最短距離経路を与える面ルーティング，4.3.3 の α-乱歩などで経路を置き換えられる．さらに，

--- ここに注目！ ---

全てのノードペアを平等に扱うのではなく，ノードの管轄領域内の人口量を考慮するなど，ノード間の通信要求や輸送要求の発生頻度の重みを付与して拡張できる [134]．

これはルーティング中心性と呼ばれ [224]，実際にやり取りされる通信量や輸送量の媒介中心度に対してより忠実な指標となる．

このとき，$\sigma_{st}(v)/\sigma_{st}$ に対応する s-t 間の経路が v を経由する確率は

$$\delta_{st}(v) = \sum_{u \in Pred_{s,t}(v)} \delta_{st}(u) \times R(s, u, v, t),$$

と拡張される．ここで，図 6.6 のように，$Pred_{s,t}(v)$ は s-t 間の経路上でノード v の 1 つ前に経由するノードの集合 $\{u\}$ で定義され，$R(s, u, v, t)$ は s から t への経路がリンク (u, v) を経由する確率で，ルーティング選択プロトコルに依存する．

人口密度などに従った s-t 間の送受信要求の発生頻度あるいは期待値を $T(s, t)$ と表記して，

$$\delta_{\bullet,\bullet}(v) = \sum_{s,\,t \in V} \delta_{st}(v) \times T(s, t),$$

より，ノード $v \in V$ の媒介中心性が求められる．ノードペアの組合せのみを考

えた式 (6.1) は，s-t の選び方によらず全て $T(s, t) = 1$ とした一様な発生頻度に相当する．

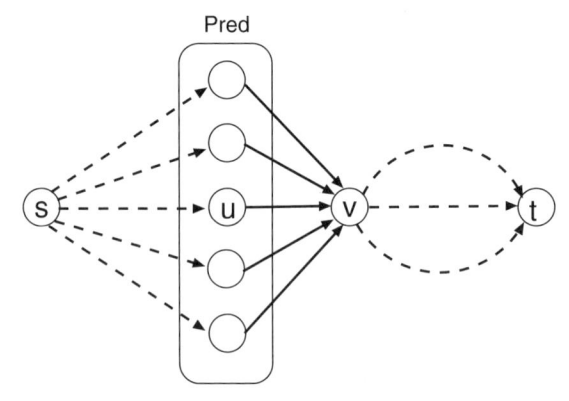

図 6.6 ルーティング中心性の $R(s, u, v, t)$ に関する模式図．実線はノード間の直接のリンクを，破線はいくつかのノードを経由する経路を表す．

§6.4
シミュレーションにおける確率計算の工夫

本書で紹介したような生成原理に従ってネットワークを構築して次数分布や頑健性を分析する際，一般に理論解析は限られた場合のみ可能で，それ以外はコンピュータによる数値シミュレーションに頼らざるを得ない．

ネットワークのノード間の接続関係は $O(N^2)$ の記憶領域を要する二次元配列による隣接行列 [39, 43] で表現することができるが，総リンク数 M が総ノード数 N の数倍程度の $O(N)$ の疎結合な場合は無駄な零要素を多く含んで非効率である．そこでデータ構造として，ノード集合やリンク集合，あるいはリスト配列が用いられることが多い．ただし，各ノードに接続するリンクとその端ノード，および，各リンクの両端のノードが互いに参照できることが望ましい．例えば，各ノード i の次数 k_i を $\deg[i] \leftarrow k_i$，その $1 \leq k \leq \deg[i]$ 番目の隣接ノード j を $\text{link}[i][k] \leftarrow j$ として保持する．

6.4 シミュレーションにおける確率計算の工夫

また,確率計算を伴う場合は特に以下の点に注意すべきであろう.

- 2.1 節で述べた優先的選択では,ノード i がその次数 k_i に比例した確率 $\dfrac{k_i}{SUM}$ で選ばれるので,配列等に保持した次数 k_j を用いて $SUM \overset{\text{def}}{=} \sum_{j=1}^{N} k_j$ として,

$$\sum_{j=1}^{i-1} \frac{k_j}{SUM} < rn \leq \sum_{j=1}^{i} \frac{k_j}{SUM}$$

を満たす i まで $j = 1, 2, \ldots$ に関する和を順に,区間 $[0, 1]$ の一様乱数値 rn と比較して求めれば原理的にはよい.しかしながら,SUM はネットワーク全体の次数和なので,リンクの追加や除去などで次数が時間的に変化する場合は SUM を毎回求めなければならない.

 そこで,次数の比例配分を保持した局所情報のみによる近似計算として,区間 $[0, 1]$ の一様乱数値 rn に対して N 個中からランダムに選んだノード i の次数 k_i が $\dfrac{k_i}{k_{max}} > rn$ を満たせば,結合先として受理する方法が考えられる[10].これは一種のモンテカルロ法[11]である.

- 確率的な生成規則に従うネットワークでは,いくつかのサンプルを生成してその平均で分析することが多い.例えば 100 個のサンプルから次数分布の平均を求めるなら,まずは 10 個のサンプルでグラフの概形を描いてみるのが効果的である.

 また,3.4 節の最後に触れた頑健性の分析では,ノードをランダムな順あるいは次数の大きい順に選んで(そのノードに接続するリンクも含めて)除去しながら最大連結成分 GC に含まれるノード数 S や GC 以外の孤立クラスターに含まれるノード数 s を計測するのであるが,この計測を 1 個のノード除去ごとに行うのは非効率である.そこで,除去率 f の数%分

---

[10] k_1 と k_2 の大きい方,それと k_3 の大きい方...から,N 個中のノードの最大次数 k_{max} を予め求めて記憶しておく.ノードの次数が時間的に変化したとしても,記憶した k_{max} の値より大きくなった時のみ更新すれば良い.

[11] モンテカルロ法とは,乱数を用いたシミュレーションを何度も行うことにより近似解を求める計算法である.例えば,関数 $0 \leq f(x) \leq 1$ の定積分 $\int_{0}^{1} f(x)dx$ を求める "あたりはずれ" のモンテカルロ法は,$i = 1, 2, \ldots, N_s$ の各サンプルとして区間 $[0, 1]$ の一様乱数値 x_i と y_i が $f(x_i) \geq y_i$ を満たす回数を十分大きな試行回数 N_s で割れば良い [225].定積分の領域はこの不等式が受理される割合に相当する.

に該当する複数個数のノード除去ごとに，これらを計測して f に対する S/N や $\langle s \rangle$ のグラフの概形を求めるとよい．ただし，同次数のノードの場合は "tie break" としてその中でランダム順に選ぶ．

- 5.1.2 で述べた自己平均性と同様に，複数サンプルにおける総リンク数や次数分布が平均値に収束するのか，分散はどの程度か等が問題となることがある．何個のサンプルが必要かもモデルや扱う量に依存するかも知れない．

また例えば，方法 A と方法 B の計算時間が t_A と t_B，誤差のばらつきに相当する計算値の分散が σ_A^2 と σ_B^2 だとすると，方法 B の方法 A に対する計算効率は比 $\dfrac{(t_A \sigma_A^2)}{(t_B \sigma_B^2)}$ で与えられる [225]．

§ 6.5
文献と，関連する話題

媒介中心性はノード間をつなぐ（最小ホップ数などの基準で選択した）経路が，あるノードやリンクを通過する頻度の割合で定義されることから，ノードやリンクにかかる負荷として捉えることができる．SFネットワークでは，こうした負荷としての媒介中心性が次数kに関するべき乗のスケーリング則k^ηに従うことが報告されている [226, 227]．

媒介中心性以外で，ネットワークのノード（やリンク）の中心性を測る代表的な指標として以下が挙げられる [228, 229, 230, 231]．

次数中心性 (Degree Centrality): ノードiの次数k_iに比例した$k_i/(N-1)$で定義される．分母の$N-1$は，ノードiが自分以外の他の全ての$N-1$個のノードと結合する最大次数の場合で正規化するため．これは，各ノード自身からのエゴセントリックな局所的な影響力を表す．

近接中心性 (Closeness Centrality): ノードiからjに到達する経路上で最小のホップ数：仲介数+1をH_{ij}として，

$$\left(\frac{\sum_j H_{ij}}{N-1}\right)^{-1} = \frac{N-1}{\sum_j H_{ij}}.$$

で定義される．分子の$N-1$は星形ネットワークの場合の最小値で正規化するため．この指標は，あるノードから他の全てのノードに到達するのに要する広がりの伝搬時間の和に関する量と考えられる．

ボナチッチ中心性 (Bonachich Centrality): 中心性が高いノードと数多く結合すれば自身の中心性も高くなるとして，隣接行列$[a_{ij}]$に対する最大固有値の優固有ベクトルで定義される．ノードに入る方だけでなく出る方の分配の影響も考慮して，隣接行列の代りに各i行ベクトルの要素a_{ij}を$1/k_i$に置き換えた確率遷移行列を考えると，その優固有ベクトルはネットワーク上を乱歩した時のノードの滞在頻度と一致し，PageRank値に対応する [232]．

他にも，ノード i と j をつなぐ複数の経路に伝達したい情報が（ホップ数で測った）その経路長の逆数に比例して分散して流れるとした情報量の調和平均で定義される情報中心性 [229]，グラフの最大フローがあるノード i を媒介する頻度で定義されるフロー中心性 [228]，権威付けの地位の高い人と結合するほど値が高くなる Katz 中心性や Hubbel 中心性 [231] などが考えられている．ただし，それぞれの指標の特徴や応用面での分析目的に応じて使い分ける必要がある．種々の中心性の相互関係やクラス分けについては [233] を参照されたい．固有ベクトルに関連した中心性の分類として [35] (pp.178, Table 7.1) も参考になるだろう．

ルーティング中心性は，1つのノードを経由する頻度から拡張して，複数のノード系列の経由やノード集合（中の少なくとも1つのノードを経由する）に対しても定義されている [224]．一方，送受信要求の発生頻度 $T(s,t)$ を考慮して，範囲限定の媒介中心性の近似計算にどのように適用すべきかについては今後の課題である．Twitter や Facebook などのネットコミュニティに関する大規模な実データを扱う際，対象とするネットワーク自体が観測したある部分なので，そのサンプルが元のネットワーク全体の次数分布等に一致するとは限らない（例えば [234]）．ネットワークのどの部分を考慮するか？ に関する媒介中心性の近似計算は，こうしたサンプリング問題 [235, 236, 237, 238, 239] とも密接に関わる．

ネットワーク科学の研究分野で提案されてきた，最短経路以外の分散ルーティングのサーベイとしては [134] を参照されたい．それらでは，インターネットの TCP/IP プロトコルにおける経路表が不要な，次数や負荷（混雑度）の**局所情報のみで経路が見つけられ**，災害時等で**ネットワーク構造が変化する場合にも適用可能**と考えられる．ネットワークからコミュニティを抽出するための効率的なアルゴリズム [35, 37] も種々考案されている．次数における Pearson 相関係数に相当する assortative 係数の効率的な計算法として，リンク集合を用いる方法 [43] やノード集合を用いる方法 [35] も参考になるだろう．

社会ネットワークの研究に関しては，中心的な人物や企業の分析のみならず，**人々の信頼の絆の強さが，経済，治安，教育などに関する社会活動に大きな影響を与える資本的価値を持つ**とした，社会関係資本すなわちソーシャル・キャピ

タルの重要性が指摘されている [231, 240, 241, 242]．信頼の絆の重要性を考える上で，趣味縁 [243]，災害時の共同体 [244]，社会ネットワークの影響力 [245]，なども興味深い．1.5.2 でも述べたように，開かれた組織に招かれた人たちは自らその組織の役に立つことをしたがり [27]，特に強い信頼感と責任感に基づいて行動する触媒が機能する分権型組織は，強いリーダー（ハブ的人物）が先頭に立って引っ張る中央集権型の従来の組織を打ち負かす力を持ちうる．こうした意味での中心人物は直接の支配力ではなく媒介中心性のようにネットワークにおける立ち位置で定まると考えられる．

コラム6：最短木で根を交代しても駄目なんです

あるノード s から他の全てのノードへの最短経路が求まったとする．すると，これは s を根とする木となり，最短木と呼ばれる[12]．s 以外の他のノードからの最短木は根を交代すればよいように一見思えるが，実はそうではない．図 6.7 はリンクに距離の重みが付いた時の最短距離の経路に関する例で，s をどのノードにするかに応じて異なる木となりうる．ホップ数で測った時も図 6.8 のように同様である．リンク重み和が最小となる全域木との議論を含めて [246] の pp.116-120 を参照されたい．

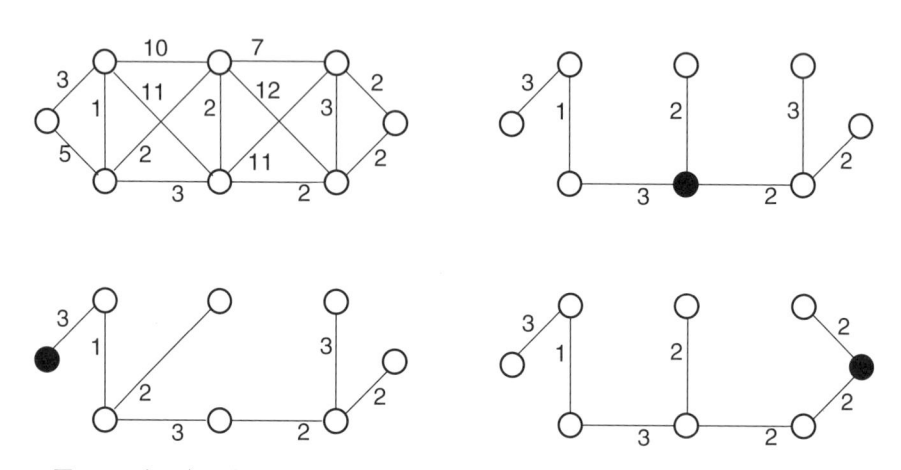

図 **6.7** 根の付け代えが失敗する例．左上：リンク重みの数値が付いたネットワーク，左下：黒丸で示された左端を始点 s とした最短経路木，右上：下部中央を始点 s とした最短経路木，右下：右端を始点 s とした最短経路木．

---

[12] あるノード $v \neq s$ まで同じ長さの経路が複数存在したら，どれか 1 つを選ぶとする．この選択は，根に応じて異なる木となりうる議論の本質に影響しない．

コラム 6：最短木で根を交代しても駄目なんです 147

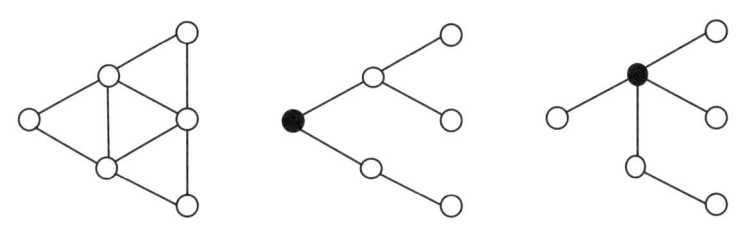

図 6.8　最小ホップ数の場合．左：対象とするネットワーク，中央と右：黒丸を始点とする最短木．

参考文献

[1] モノづくり図鑑【理系版】2013 年度版，アール・コンサルティング（株）発行．

[2] グループ SKIT 編著，『時代の流れがすぐわかる「業界再編地図」』，PHP 文庫，2011．

[3] Satellite Event in Netsci2011: Networks of Networks—Systemic Risk and Infrastructural Interdependencies
https://sites.google.com/site/netonets2011/Home https://sites.google.com/site/netonets2011/Presentations

[4] Special Issue: Complex Systems and Networks, Science, Vol 325, Issue 5939, pp.357-504 (2009).
http://www.sciencemag.org/content/325/5939.toc

[5] ニューヨーク・カナダ大停電（2003 年 8 月 14 日）
http://www.bo-sai.co.jp/newyorkteiden.htm

[6] 2003 年 8 月 14 日 北米北東部停電事故に関する調査報告書，北米北東部停電調査団，2004．
http://www.enecho.meti.go.jp/denkihp/shiryo/nayousar2.pdf

[7] Schneider, C.M., Araújo, N.A.M., Havlin, S., and Harmann, H.J., Towards designing robust coupled networks, arXiv:1106.323 (2011). *Scientific Reports*, Vol.3, No.1969 (2013).
http://www.nature.com/srep/2013/130611/srep01969/full/srep01969.html

[8] Buldyrev, S.V., Parshani, R., Paul, G., Stanley, H.E., and Havlin, S., Catastrophic cascade of failues in interdependent networks, *Nature*, Vol.464, pp.1025-1028 (2010).

[9] 20 世紀以降の世界の自然災害年表
http://www.ifinance.ne.jp/bousai/disaster/saigai_world.html

[10] 八木浩一，林昌弘，災害における ITS 分野での取り組み事例——乗用車・トラック通行実績・道路規制情報，情報処理学会 デジタルプラクティス，Vol.3, No.1, pp.3-8, (2012).

[11] 極限状態を支えた使命感　KDDI の震災直後 携帯インフラ復旧の現場から（中）
http://www.nikkei.com/article/DGXNASFK1302R_T10C11A4000000/?df=2

[12] NTT グループの災害対策への取り組み
http://www.ntt.co.jp/ir/library/nttis/2009aut/disaster.html

[13] 日本経済新聞 2011/4/14，東日本大震災の影響と KDDI の復旧までの取り組み
http://www.kddi.com/disaster/east_japan2011/recovery/phase2.html

[14] Mitchell, J.K.（中林 一樹 監訳），巨大都市と変貌する災害——メガシティは災害を生み出すルツボである，古今書院，2006．("CRUCIBLES OF HAZARD" United Nations University Press, 1999).

[15] 北原糸子，関東大震災の社会史，朝日新聞社出版，2011．

[16] 北原糸子，地震の社会史 安政大地震と民衆，吉川弘文館，2013．

[17] 林 幸雄,『噂の拡がり方――ネットワーク科学で世界を読み解く』，知のナビゲータ DOJIN 選書 009，化学同人，2007．

[18] Watts, D.J., and Strogatz, S.H., Collective dynamics of small-world networks, *Nature*, Vol.393, pp.440-442, (1998).

[19] Watts, D.J.（辻 竜平，友知 政樹 翻訳），『スモールワールド・ネットワーク――世界を知るための新科学的思考』，阪急コミュニケーションズ，2004．

[20] Barabási, A.-L.（青木 薫 訳),『新ネットワーク思考』，NHK 出版，2003．

[21] Buchanan, M.（坂本 芳久 訳),『複雑な世界，単純な法則』，草思社，2005．

[22] Barabási, A.-L., and Albert. R., Emergence of Scaling in Random Networks, *Science*, Vol.286, pp.509-512, (1999).

[23] 林 幸雄，トレンドキーワード：スケールフリーネットワーク，電子情報通信学会 情報・システムソサエティ誌，第 11 巻 1 号，pp.19, (2006).

[24] Albert, R., Jeong, H., and Barabási, A.-L., Error and attack tolerance of complex networks, *Nature*, Vol.406, pp.378-381, (2000).

[25] 白鳥則郎,『ネットワークシステムの基礎』，岩波講座 現代工学の基礎，岩波書店，2000．

[26] Dressler, F., *Self-Organization in Sensor and Actor Networks*, John Wiley & Sons, Ltd., 2007.

[27] Brafman, O., and Beckstrom, R.A.（糸井恵 訳),『ヒトデはクモよりなぜ強い 21 世紀はリーダーなき組織が勝つ』，日経 BP 社，2007．

[28] 松下貢，コラム：複雑系の物理

http://www.phys.chuo-u.ac.jp/labs/matusita/doc/zuisou10.htm

[29] 伊藤俊次，一次元カオス，別冊「数理科学」『現象にひそむ非線形』，pp.15-24, サイエンス社，1989．

[30] 宇敷重広，数値解析からでた 2 次元カオス，数値解析と非線型現象,「数学セミナー増刊」『入門 現代の数学 [2]』，第 5 章，pp.123-156, 日本評論社，1981．

[31] Dorogovtsev, S.N., and Mendes, J.F.F., *Evolution of Networks—From Biological Nets to the Internet and* WWW, Oxford University Press, 2003.

[32] Pastor-Satorras, nad Vespignani, A., *Evolution and Structure of the Internet*, Cambridge University Press, 2004.

[33] Barrat, A., Barthélemy, M., and Vespignani, A., *Dynamical Processes on Complex Networks*, Cambridge University Press, 2008.

[34] Cohen, R., and Havlin, S., *Complex Netwroks—Structure, Robustness, and Function,* Cambridge University Press, 2010.

[35] Newman, M.E.J., *Networks—An Intriduction,* Oxford University Press, 2010.

[36] 今野紀雄，町田拓他,『図解入門 よくわかる複雑ネットワーク』，秀和システム，2008.

[37] 林 幸雄 編著,『ネットワーク科学の道具箱』，近代科学社，2007.

[38] Neil, J.（阪本 芳久 訳),『複雑で単純な世界——不確実なできごとを複雑系で予測する』，インターシフト，2011.

[39] 今野紀雄，井手勇介,『複雑ネットワーク入門』，講談社サイエンティフィク，2008.

[40] 竹居正登，井手勇介，今野紀雄,『ランダムグラフダイナミクス——確率論からみた複雑ネットワーク』，産業図書，2011.

[41] 矢久保孝介,『複雑ネットワークとその構造』，連携する数学 4，共立出版，2013.

[42] 増田直紀，今野紀雄,『複雑ネットワークの科学』，産業図書，2005.

[43] 増田直紀，今野紀雄,『複雑ネットワーク 基礎から応用まで』，近代科学社，2010.

[44] Newman, M.E.J., Barabási, A.-L., and Watts, D.J., *The Structure and Dynamics of Networks,* Princeton University Press, 2006.

[45] 林 幸雄，フィードバック連想記憶モデルによる手書き文字の認識学習．**電子情報通信学会論文誌** *D-II,* Vol.J75-D-II, No.5, pp.956-964 (1992).

[46] Sanger, T.D., Optimal Unsupervised Learning in a Single-Layer Linear Feedforward Neural Network, *Nueral Networks,* Vol.2, No.6, pp.459-473 (1989).

[47] Krapivsky, P.L., Redner, S., and Leyvraz, F., Connectivity of Growing Random Networks, *Physical Review Letters,* Vol.85, pp.4629-4632, (2000).

[48] Barabási, A.-L., Albert, R., and Jeong, H., Mean-field theory for scale-free random networks, *Physica A,* Vol.272, pp.173-187, (1999).

[49] Krapivsky, P.L., and Redner, S., Organization of growing networks, *Physical Review E,* Vol.63, pp.066123, (2001).

[50] Krapivsky, P.L., and Redner, S., A statistical physics perspective on Web graph, *Computer Networks,* Vol.39, pp.261-276, (2002).

[51] Albert, R., and Barabási, A.-L., Toplogy of Evolving Networks: Local Events and Universality, *Physical Review Letters,* Vol.85, pp.5234-5237, (2000).

[52] Dorogovtsev, S.N., and Mendes, J.F.F., Evolution of networks, *Advances in Physics,* Vol.51, pp.1079-1187, (2002).

[53] 岡部恒治,『数学はこんなに面白い』，日本経済新聞社，1999.

[54] 志賀浩二,『無限の解析，対話で学ぶ数学教室 4』，岩波書店，1997.

[55] 志賀浩二,『変化をとらえる，対話で学ぶ数学教室 3』，岩波書店，1997.

[56] Dorogovtsev, S.N., and Mendes, J.F.F., and Samukhin, A.N., Structure of growing networks with preferential linking, *Physical Review Letters*, Vol.85, pp.4633-4636, (2000).

[57] Bianconi, G., and Barabási. A.-L., Bose-Einstein Condensation in Complex Networks, *Physical Review Letters*, Vol.86, pp.5632-5635, (2001).

[58] Krapivsky, P.L., Redner, S., and Ben-Naim. E., *A Kinetic View of Statistical Physics*, Cambridge University Press, 2010.

[59] Newman, M.E.J., The Structure abd Function of Complex Networks, *SIAM Review*, Vol.45, pp.167-256, (2003).

[60] 林 幸雄，Scale-free ネットワークの生成メカニズム，**応用数理**，Vol.14, No.4, pp.58-74, (2004).

[61] 國仲寛人，松下貢，複雑系の統計性——新しい社会科学の発展に向けて，**科学**，Vol.79, No.10, pp.1146-1155, (2009).

[62] 國仲寛人，小林奈央樹，松下貢，複雑系にひそむ規則性——対数正規分布を軸として，**日本物理学会誌**，Vol.66, No.9, pp.658-665, (2011).

[63] Yook, S.-H., Jeong, H., and Barabási, L.-A., Modeling the Internet's large-scale topology, *Proceedings of the National Academy of Sciences of the USA*, Vol.99, No.2, pp.13382-13386, (2002).

[64] Gastner, M.T., and Newman, M.E.J., The spatial structure of networks, *European Physical Journal B*, Vol.49, pp.247-252 (2006).

[65] Hayashi. Y., Review of Recent Studies of Geographical Scale-Free Networks, *IPSJ Journal*: Special Issue on Network Ecology Science, Vol.47, No.3, pp.776-785, (2006), IPSJ Digital Courier: https://www.jstage.jst.go.jp/article/ipsjdc/2/0/2_0_155/_article

[66] ben-Avraham, D., Rozenfeld, A.F., Cohen, R., and Havlin, S., Geographical embedding of scale-free networks, *Physica A*, Vol.330, pp.107-116, (2003).

[67] Rozenfeld, A.F., Cohen, R., ben-Avraham, D., and Havlin, S., Scale-Free Networks on Lattices, *Physical Review Letters*, Vol.89, pp.218701-1-4, (2002).

[68] Warren, C.P., Sander, L.M., and Sokolov, I.M., Geography in a scale-free network model, *Physical Review E*, Vol.66, pp.056105, (2002).

[69] 茨木俊秀,『離散最適化法とアルゴリズム』，岩波講座 応用数学 [方法 8]，岩波書店，1993.

[70] 伊庭幸人，種村正美，大森裕浩，和合肇，佐藤整尚，高橋明彦,『計算統計 2 マルコフ連鎖モンテカルロ法とその周辺』 統計科学のフロンティア 12，岩波書店，2005.

[71] Hayashi. Y., and Ono, Y., Geographical networks stochastically constructed by a self-similar tiling according to population, *Physical Review E*, Vol.82, pp.016108, (2010).

[72] Xulvi-Brunet, R. and Sokolov, I.M., Evolving networks with disadvantaged log-range connections, *Physical Review E*, Vol.66, pp.026118, (2002).

[73] Manna, S.S., and Sen, P., Modulated scale-free network in Euclidean space, *Physical Review E*, Vol.66, pp.066114, (2002).

[74] Sen, P., and Manna, S.S., Clustering properties of a generalized critical Euclidean network, *Physical Review E*, Vol.68, pp.026104, (2003).

[75] Nandi, A.K., and Manna, S.S., A transition from river networks to scale-free networks, *New Journal of Physics*, Vol.9, No.30, (2007).

[76] Xulvi-Brunet, R. and Sokolov, I.M., Growing networks under geographical constraints, *Physical Review E*, Vol.75, pp.46117, (2007).

[77] Doye, J.P.K., and Massen, C.P., Self-similar disk packings as model spatial scale-free networks, *Physical Review E*, Vol.71, pp.016128, (2005).

[78] 深川英俊,ダン・ペドー:『日本の幾何――何題解けますか?』,森北出版,1991.

[79] Zhou, T., Yan, G., and Wang, B.-H., Maximal planar networks with large clustering coefficient and power-law degree distribution, *Physical Review E*, Vol.71, pp.046141, (2005).

[80] 古屋茂,『微分方程式入門』,サイエンス社,1979.

[81] Dorogovtsev, S.N., Goltsev, A.V., and Mendes, J.F.F., Pseudofractal scale-free web, *Physical Review E*, Vol.65, pp.066122, (2002).

[82] Dorogovtsev SN, Mendes JF, Samukhin AN., Size-dependent degree distribution of a scale-free growing network, *Physical Review E*, Vol.63, pp.062101, (2001).

[83] Wang, L., Du, F., Dai, H.P., and Sun, Y.X., Random pseudofractal scale-free networks with small-world effect, *European Physical Journal B*, Vol.53, pp.361-366, (2006).

[84] Rozenfeld, H.D., Havlin, S., and ben-Avraham, D. Fractal and transfractal recursive scale-free nets, *New Journal of Physics*, Vol.9, No.175, (2007)

[85] Zhang, Z., Zhou, S., Su, Z Zou, T., and J. Guan, J. Random sierpinski network with scale-free small-world and modular structure, *European Physical Journal B*, Vol.65, pp.141-147, (2008).

[86] Cancho, R.F.i, and Solé, R.V., Optimization in Complex Networks, In Pastor-Satorras, R., Rubi, M., and Diaz-Guilera, A. (eds.) *Statistical Mechanics of Complex Networks*, Chapter 6, pp.114-126, (2003).

[87] Barthélemy, M. and Flammini, A., Optimal Traffic Networks, *Journal of Statistical Mechanics*, L07002, (2006). http://iopscience.iop.org/1742-5468/2006/07/L07002/figures

[88] 杉原厚吉,『形と動きの数理――工学の道具としての幾何学』,東京大学出版会,2006.

[89] 岡崎誠,『べんりな変分原理』,物理数学 One Point 4,共立出版,1993.

[90] 今井浩，今井桂子,『計算幾何学』，共立出版，1994.

[91] 大山達雄,『最適化モデル分析』，日科技連，1993.

[92] Gastner, M.T., and Newman, M.E.J., Optimal design of spatial distribution networks, *Physical Review E*, Vol.74, pp.06117, (2006).

[93] Helbing, D., Keltsch, J., and Molnár, P., Modeling the evolution of human trail systems, *Nature*, Vol.388, pp.47-50, (1997).

[94] Tero, A., Takagi, S., Saigusa, T., Ito, Bebber, D.P., Fricker, M.D., Yumiki, K., Kobayashi, R., and Nakagaki, T., Rules for Biolocally Inspired Adaptive Network Design, *Science*, Vol.327, pp.439-442, (2010).

[95] Kim, S/-W., and Noh, J.D., Instability in a Network Coevoving with a Particle System, *Physical Review Lettres*, Vol.100, pp.118702-1-4, (2008), Kim, S.-W., and Noh, J.D., Structural phase transition in evolving networks, *Physical Review E*. Vol.80, pp.026119, (2009).

[96] Ikeda, N., Network formed by traces of random walks, *Physica A*, Vol.379, pp.701-713, (2007), Ikeda, N., Network formation determined by the diffusion process of random walkers, *Journal of Physics A: Mathematical and Theoretical*, Vol.41, pp.235005 (18pp), (2008).

[97] Hayashi, Y., and Megumo, Y., Self-organized network design by link survivals and shortcuts, *Physica A*, Vol.391, pp.872-879, (2012).

[98] Rajan, M.A., Chandra, M.G., Reddy, L., and Hiremath, P., Concepts of Graph Theory Relevant to Ad-hoc networks, *Int. J. of Computers, Communications & Control*, ISSN:1841-9836, *Proc. of the ICCCC*, pp.465-469, (2008).

[99] Dall, J., and M. Christensen, M., Random geometric graphs, *Physical Review E*, Vol.66, pp.016121, (2002).

[100] Onat, F.A., and Stojmenovic, I., Generating random graphs for the simulation of wireless ad hoc, actuator, sensor, and internet networks. *Pervasive and Mobile Computing*, Vol.4, pp.597-615, (2008).

[101] Fan, K.-W., Liu, S., and Sinha, P., Ad Hoc Routing Protocols, In *Handbook of Algorithms for Wireless Networking and Mobile Computing*, edited by A. Boukerche, (Chapman & Hall/CRC, 2006), Chapter 9.

[102] Hayashi, Y., and Matsukubo, J., Improvement of the robustness on geographical networks by adding shortcuts, *Physica A*, Vol.380, pp.552-562, (2007).

[103] Hayashi, Y., Necessary Backbone of Super-highways for Transport on Geographical Complex Networks, *Advances in Complex Systems*, Vol.12, No.1, pp.73-86 (2009).

[104] Hayashi, Y., Evolutionary Construction of Geographical Networks with Nearly Optimal Robustness and Efficient Routing Properties, *Physica A*, Vol.388, pp.991-998, (2009). Corrigendum (2011). http://www.sciencedirect.com/science/article/pii/S0378437112002592

[105] 西口敏宏,『遠距離交際と近所づきあい——成功する組織ネットワーク戦略』, NTT 出版, 2007.

[106] Saxenian, A.（酒井泰介 訳, 星野岳穂+本山康之 監訳）,『最新・経済地理学——グローバル経済と地域の優位性,』日経 BP 出版, 2008.

[107] Andrade, Jr. J.S., Herrmann, H.J., Andrade, R.F.S., and da Silva, L.R., Apollonian Networks: Simultaneously Scale-Free, Small World, Euclidian, Space Filling, and with Matching Graphs, *Physical Review Lettres*, Vol.94, pp.018702-1-4, (2005).

[108] Zhang, Z., Rong, L., and Zhou, S., Evolving Apollonian networks with small-world scale-free topologies, *Physical Review E*, Vol.74, pp.046105, (2006).

[109] Zhang, Z., Rong, L., and Comellas, F., Evolving small-workd networks with geographical attachment preference, *Journal of Physics A: Mathematical and Theoretical*, Vol.39, pp.3253-3261, (2006).

[110] Zhang, Z., Rong, L., and Guo, C., A deterministic small-world network created by edge iterations, *Physica A*, Vol.363, pp.567-572, (2006).

[111] Vieira, A.P., Andrade.Jr., J.S., Herrmann, H.J., and Andrade, R.F.S., Analytical approach to directed sandpile models on the Apollonian network, *Physical Review E*, Vol.76, pp.026111, (2007).

[112] Zhang, Z., Chen, L., Zhou, S., Fang, L., Guan, J., and Zhou, T., Analytical solution of average path length for Apollonian networks, *Physical Review E*, Vol.77, pp.017102, (2008).

[113] Auto, D.M., Moreira, A.A., Herrmann, H.J., and Andrade, Jr., J.S., Finite-size effects for percolation on Apollonian networks, *Physical Review E*, Vol.77, pp.017102, (2008).

[114] Zhang, Z., Guan, J., Xie, W., Qi, Y., and Zhou, S., Random walk on the Apollonian network with a single trap, *Europhysics Letters*, Vol.86, No.1, pp.10006-10007, (2009).

[115] Zhang, Z., and Rong, L., High dimensional random Apollonian networks, *Physica A*, Vol.364, pp.610-618, (2006), Zhang, Z., Comellas, F., Fertin, G., and Rong, L., High dimensional Apollonian networks, *Journal of Physics A: Mathematical and Theoretical*, Vol.39, pp.1811-1818, (2006).

[116] Komatsu, T., Diffusion, Cascade, and Consensus Dynamics on Optimized Networks, PhD Thesis, National Defense Academy of Japan, (2013).

[117] Qian, J.-H., and Han, D.-D., A spatial weighted network model based on optimal expected traffic, *Physica A*, Vol.388, pp.4248-4258, (2009).

[118] Wang, J., and Provan, G., Topological analysis of specific spatial complex networks, *Advances in Complex Systems*, Vol.12, No.1, pp.45-71, (2009).

[119] Kumar, R., and Sinha, S., Modular networks emerge from multiconstraint optimization, *Physical Review E*, Vol.76 pp.045103(R), (2006).

[120] Rui, Y., Ban, Y., Wang, J., and Haas, J., Exploring the patterns and evolutin of self-organized urban street networks through modeling, *European Physical Journal B*, Vol.86, No.74, (2013).

[121] Ashton, D.J., Jarrett, T.C., and Johnson, N.F., Effect of Congestion Costs on Shortest Paths Through Complex Networks, *Physical Review Lettres*, Vol.94, pp.058701-1-4, (2005), Jarrett, T.C., Ashton, D.J., Fricker, M., and Johnson, N.F., Interplay between function and structure in complex networks, *Physical Review E*, Vol.74, pp.026116, (2006).

[122] Dorogovtsev, S.N., and Mendes, J.F.F., Exactly solvable small-world network, *Europhysics Letters*, Vol.50, No.1, pp.1-7, (2000).

[123] Holme, P., and Newman, M.E.J., Nonequilibrium phase transition in the coevolution of networks and opinions, *Physical Review E*, Vol.74, pp.056108, (2006).

[124] Gil, S., and Zanette, H., Coevolution of agents and networks: Oponion spreading and community disconnection, *Physica A*, Vol.356, pp.89-94, (2006).

[125] Xuan, Q., Du, F., Yu, L. and Chen, G., Structural control of reaction-diffusion networks, *Physical Review E*, Vol.84, pp.046116, (2011).

[126] Barthélemy, M., and A. Flammini, A., Modeling Urban Street Patterns, *Physical Review Letters*, Vol.100, pp.138702-1-4, (2008), Barthélemy, M., and A. Flammini, A., Co-evolution of density and topology on a simp@le model of city formation, *Networks and Spatial Economics*, Vol.9, pp.401-425, (2009).

[127] 石水照雄 編,『都市空間システム』, 古今書院, 1995.

[128] 日野正輝,『都市発展と支店立地——都市の拠点性』, 古今書院, 1996.

[129] 荒井良雄, 箸本健二 編,『日本の流通と都市空間』, 古今書院, 2004.

[130] 中垣俊之,『粘菌 その驚くべき知性』, PHPサイエンスワールド新書019, 2010.

[131] Motter, A.E., Cascade Control and Defense in Complex Networks, *Physical Review Letters*, Vol.93, pp.098701-1-4, (2004).

[132] 林幸雄, 宮崎敏幸, 結合相関を持つScale-Freeネットワーク上のカスケード故障に対する防御戦略, 情報処理学会論文誌ネットワーク生態学特集号, Vol.47, No.3, pp.802-812, (2006).

[133] Hayashi, Y., and Ono, Y., Traffic properties for stochastic routing on scale-free networks, *IEICE Trans. Communications*, Vol.E-B, No.5, pp.1311-1322, (2011).

[134] Hayashi, Y., Rethinking of Communication Requests, Routing, and Navigation Hierarchy on Complex Networks, In "Networks-Emerging Topics in Computer Science, ", Chapter 4, pp.67-88, Arshin Rezazadeh, Ladan Momeni, and Igor Bilogrevic (Eds), iConcept Press, 2012.

http://www.iconceptpress.com/download/paper/11091906224657.pdf

[135] Toh, C.-K. (構造計画研究所 訳),『アドホックモバイルワイヤレスネットワーク』, 共立出版, 2003.

[136] 日経サイエンス 1998 年 7 月号，算額の問題 1 の答え，http://www.nikkei-science.com/page/magazine/9807/ans1.html

[137] 小曾根淳，デカルトの円定理に関して，数理解析研究所講究録，Vol.1583, pp.65-76, (2008). http://www.kurims.kyoto-u.ac.jp/~kyodo/kokyuroku/contents/pdf/1583-05.pdf

[138] 福島完，三重県に現存する算額の研究，三重大学大学院教育学研究科 修士論文，2007. http://miuse.mie-u.ac.jp/bitstream/10076/8961/1/2006L022.pdf

[139] 間瀬茂，武田純，『空間データモデリング――空間統計学の応用』，データサイエンスシリーズ 7，共立出版，2001.

[140] Stoyan, D., Kendall, W.S., and Mecke, J., *Stochastic Gepmetry and its Applications, 2nd Edition,* Joh Wiley & Sons, 1995.

[141] Blaszczyszyn, B., and Schott, R., Approximations of functionals of some modulated-Poisson Voronoi tesselations with applications to modeling of communication networks, *Japan Journal of Industrial and Applied Mathematics,* Vol.22, No.2, pp.179-204, (2005).

[142] Nagel, W., Mecke, J., Ohser, J., and Weiss, V., A Tesselation model for Crack Patterns on Surfaces, The 12th Int. Congress for Stereogy, (2007). http://icsxii.univ-st-etiene.fr/Pdfs/f14.pdf

[143] Okabe, A., Boots, B., Sugihara, K., and Chiu, S.N., *Spatial Tessellations — Concepts and Applications of Voronoi Diagrams, 2nd Edition,* Joh Wiley & Sons, 2000.

[144] Hayashi, Y., and Matsukubo, J., Geographical effects on the path length and the robustness in complex networks, *Physical Review E,* Vol.73, pp.066113, (2006).

[145] Keating, K., and Vice, A., Isohedral Polyomino Tiling of the Plane, *Discrete & Computational Geometry,* Vol.21, No.4, pp.615-630, (1999).

[146] Solomyak, B., Dynamics of self-similar tilings, *Ergodic Theory and Dynamical Systems,* Vol.17, pp.695-738, (1997). & Corrections, *Ergodic Theory and Dynamical Systems,* Vol.19 , pp.1685, (1999).

[147] http://mathworld.wolfram.com/Polyform.html

[148] 『東日本大震災 復興支援地図』，昭文社，2011.

[149] Karavelas, M.I., and Guibas, L.J., Static and Kinetic Geometric Spanners with Applications, *Proc. of the 12th ACM-SIAM Symposium on Discrete Algorithms,* (2001).

[150] Bose, P., and Morin, P., Competitive Online Routing in Geometric Graphs, *Theoretical Computer Science,* Vol.324, No.2-3, pp.273-288, (2004).

[151] Hayashi, Y., Adaptive Fractal-like Network Structure for Efficient Search of Targets at Unknown Positions, Proc. of the 4th International Conference on Adaptive and Self-adaptive Systems and Applications, pp.63-68, ISBN:978-1-61208-219-6, (2012). IARIA BEST PAPER AWARD http://www.iaria.org/conferences2012/awardsADAPTIVE12/adaptive2012_a3.pdf

[152] Hayashi, Y., Komaki, T., Ide, Y., Machida, T., and Konno, N., Combinatorial and approximative analyses in a spatially random division process, *Physica A*, Vol.392, No.9, pp.2212-2225 (2013).

[153] 渡部隆一,『マルコフチェーン』, 数学ワンポイント双書 31, 共立出版, 1979.

[154] 今野紀雄,『無限粒子系の科学』, 講談社, 2008,『コンタクト・プロセスの相転移現象』, 横浜図書, 2002.

[155] Liggett, T.M., *Stochastic Interacting Systems: Contact, Votor, and Exclusion Processes,* Springer, 1999.

[156] Viswanathan, G.M., da Luz, M.G.E., Raposo, E.P., and Stanley, H.E., *The Physics of Foraging—An Introduction to Random Searches and Biological Encounters*, Cambridge University Press, 2011.

[157] Hayashi, Y., and Komaki, T., Adaptive Fractal-like Network Structure for Efficient Search of Targets at Unknown Positions and for Cooperative Routing, *International Journal On Advances in Networks and Service*, Vol.6, No.1&2, pp.37-50, (2013).

[158] Hayashi, Y., An approximative calculation of the fractal structure in self-similar tilings, *IEICE Trans. Fundamentals*, Vol.E94-A, No.2, pp.846-849, (2011).

[159] Viswanathan, G.M., Buldyrev, S.V., Havlin, S., da Luz, M.G.E., Raposo, E.P., and Stanley, H.E., Optimizing the success of random searches, *Nature*, Vol.401, pp.911-914, (1999).

[160] Santos, M.C., Viswanathan, G.M., Raposo, E.P., and da Luz, M.G.E., Optimization of random search on regular lattices, *Physical Review E*, Vol.72, pp.046143, (2005).

[161] Santos, M.C., Viswanathan, G.M., Raposo, E.P., and da Luz, M.G.E., Optimization of random searches on defective lattice networks, *Physical Review E*, Vol.77, pp.041101, (2008).

[162] Keil, J.M., and Gutwin, C.A., Classes of Graphs Which Approximate the Complete Euclidean Graph, *Discrete & Computational Geometry*, Vol.73, pp.13-28, (1992).

[163] Kranakis, E., and Stacho, L., Routing and Traversal via Location Awareness in Ad Hoc Networks, In *Handbook of Algorithms for Wireless Networking and Mobile Computing*, edited by A. Boukerche, Chapter 8, pp.165-182, Chapman & Hall/CRC, 2006.

[164] Farshi, M., and Gudmundsson, J., Experimental study of geometric t-spanners: A Running Time Comparison, *Proc. of the 13th European Symposium on Algorithms*, Edited by Brodal, G.S., and Leonardi, S., ESA 2005, Lecture Notes on Computer Science, Vol.3669, pp.556-567, (2005).

[165] Narasimhan, G., and Smid, M., Geometric Spanner Networks, Cambridge University Press, 2007.

[166] Lämmer, S., Gehlsen, B., and Helbing, D., Scaling laws in the spatial structure of urban road networks, *Physica A*, Vol.363, pp.89-95, (2006).

[167] Masucci, A.P., Smith, D., and Batty, C.M., Random plannar graphs and the London street network, *European Physical Journal B*, Vol.71, No.2, pp.259-271, (2009).

[168] Chan, S.H.Y., Donner, R.V., and Lämmer, S., Urban road networks -spatial networks with universal geometric features?-, *European Physical Journal B*, Vol.84, No.4, pp.563-577, (2011).

[169] Bitner, A., Holyst, R., and Fialkowski, M., From complex structures to complex processes: Percolation theory applied to the formation of a city, *Physical Review E*, Vol.80, pp.037102, (2009).

[170] Katsuragi, H., Sugino, D., and Honjo, H., Crossover of weighted mean fragment mass scaling in two-dimensional brittle fragmentation, *Physical Review E*, Vol.70. pp.065130, (2004).

[171] Ishii, T., and Matsushita, M., Fragmentation of Long Thin Glass Rods, *Journal of The Physical Society of Japan*, Vol.61, No.10. pp.3474-3477, (1992).

[172] Delaney, G.W., Hutzler, S., and Aste, T., Relation Between Grain Shape and Fractal Properties in Random Apollonian Packing with Grain Rotation, *Physical Review Letters*, Vol.101, pp.120602, (2008).

[173] Dodds, P.S., and Weitz, J.S., Packing-limitted growth of irregular objects, *Physical Review E*, Vol.67, pp.016117, (2003).

[174] Lee, S.-H., and Holme, P., A greedy-navigator approach to navigable city plans, *The European Physical Journal Special Topics*, Vol.215, pp.135-144, (2013)

[175] 中村太一,『日本の古代道路を探す——律令国家のアウトバーン』,平凡社新書, 2000.

[176] 寺谷亮司, 第2章 新開地の都市システムに関する諸研究,『都市の形成と階層分化——新開地北海道・アフリカの都市システム』, 古今書院, 2002.

[177] Krapivssky, P.L., and Ben-Naim, E., Scaling and Multiscaling in Models of Fragmentation, *Physical Review E*, Vol.50, pp.3502, (1994).

[178] Eisenstat, D., Random road networks: the quadtree model, *Proceeding of the 8th Workshop on Analytic Algorithms and Combinatorics (ANALCO)*, pp.76-84, 2011.

[179] 笹本智弘, ランダム結晶成長とヤング図形, **数理科学**, Vol.523, pp.39-44, (2007). ランダム行列 ASEPへの応用, **数理科学**, Vol.572, pp.13-18, (2010).

[180] 香取眞理, 非衝突乱歩系・シューア関数・ランダム行列, **応用数理**, Vol.13, No.4, pp.269-307, (2003).

[181] González, M.C., Hidalgo, A., and Barabási, A.-L., Understanding individual human mobility patterns, *Nature*, Vol.453, pp.779-782, (2008).

[182] Sole, R.V., Pastor-Satorras, R., Smith, E.R., and Kepler, T.B., A model of large-scale protenome evolution, *Advances in Complex Systems*, Vol.5, pp.43-54, (2002).

[183] Pastor-Satorras, R., Smith, E.R., and Sole, R.V., Evolving protein interaction networks through gene duplication, *Journal of Theoretical Biology* Vol.222, pp.199-210, (2003).

[184] 一松信,『特殊関数入門』, 森北出版, 1999.

[185] Kim, J., Krapivsky, P.L., Kahng, B., and Redner, S., Infinite-order percolation and giant fluctuations in a protein interaction network, *Physical Review E*, Vol.66, pp.055101(R), (2002).

[186] Ispolatov, I., Krapivsky, P.L., and Yuryev, A., Duplication-divergence model of protein interaction network, *Physical Review E*, Vol.71, pp.061911, (2005).

[187] http://kats.issp.u-tokyo.ac.jp/taketomo/storage/mathematics/summation.pdf

[188] 小川束, 関孝和によるベルヌーイ数の発見, 数理解析研究所講究録, Vol.1583, pp.1-18, (2008).
http://www.kurims.kyoto-u.ac.jp/~kyodo/kokyuroku/contents/pdf/1583-01.pdf

[189] Yang, X.-H., Lou, S.-L., Chen, G., Chen, S.-Y., and Huang, W., Scale-free networks via attachment to random neighbors, *Physica A*, Vol.392, pp.3531-3536, (2013).

[190] Dorogovtsev, S.N., and Mendes, J.F.F., Evolution of networks, *Advances in Physics*, Vol.51, pp.1079-1187, (2002).

[191] Ohkubo, J., and Yasuda, M., Preferential urn model and nongrowing complex networks, *Physical Review E*, Vol.72, pp.065104(R), (2005).

[192] Dorogovtsev, S.N., and Mendes, J.F.F., Effect of the accelerating growth of communication networks on their structure, *Physical Review E*, Vol.63, pp.025101, 2001, & Accelerated growth of networks, cond-mat/0204102; Handbook of Graphs and Networks: From the Genome to the Internet, ed. S. Bornholdt and H.G. Schuster, Wiley-VCH, Berlin, pp.320-343, 2002.

[193] Web Server Survey 2013
http://news.netcraft.com/archives/category/web-server-survey/

[194] Dhamdhrere, A., and Dovrolis, C., Ten Years in the Evolution of the Internet Ecosystem, Proceedings of (IMC'08) the 8th ACM SIGCOMM conference on Internet measurement, pp.183-196, 2008. http://www.caida.org/research/routing/as_growth/

[195] Masucci, P., and Batty, M., Simple laws of urban growth, physics/1206.5298, 2012.

[196] Buchanan, M. (阪本芳久 訳),『人は原子、世界は物理法則で動く——社会物理学で読み解く人間行動』, 白揚社, 2009. (*The Social Atom—Why the rich get richer, characters get caught, and your neighbor usually look like you—*, Bloomsbury, 2007.)

[197] 井上達彦,『模倣の経営学——偉大なる会社はマネから生まれる』, 日経 BP 社, 2012.

[198] Solé, R.V., and Pastor-Satorras, R., Complex networks in genomics and proteomics, Chapter 7, pp.145-167. In Bornholdt, S., Schuster, H.G., Eds, *Handbook of Networks —From the Genome to the Internet*, WILEY-VCH, 2003.

[199] Raval, A., Some asymptotic properties of duplication graphs, *Physical Review E*, Vol.68, pp.066119, (2003).

[200] Colman, E.R., and Rodgers, G.J., Complex scale-free networks with tunable power-law exponent and clustering, *Physica A*, Vol.392, pp.5501-5510, 2013.

[201] Newman, M.E.J., Assortative Mixing in Networks, *Physical Review Letters*, Vol.89, pp.208701-1-4, (2002). Mixing patterns in networks, *Physical Review E*, Vol.67, pp.026126, (2003).

[202] Wu, Z.-X., and Holme, P., Onion structure and network robustness, *Physical Review E*, Vol.84, pp.026116, (2011).

[203] Schneider, C.M., Moreria, A.A., Andrade, Jr., J.S., Havlin, S., and Herrmann, H.J., Mitigation of malicious attacks on networks, *Proceedings of the National Academy of Sciences in U.S.*, Vol.108, pp.3838-3841, (2011).

[204] Tanizawa, T., Havlin, S., and Stanley, H.E., Robustness of onionlike correlated networks against targeted attacks, *Physical Review E*, Vol.85, pp.046109, (2012).

[205] Mitra, B., Dubey, A.K, , and Ganguly, G.N., How do Superpeer Networks Emerge?, *Proceeding of IEEE INFOCOM*, 2010. Mitre, B., Doctoral Thesis: Analyzing the Resilience and Emergence of Superpeer Networks, Indian Institute of Technology Kharagpur, May 2010.

[206] Karbhari, P., Ammar, M., Dhamdhere, A., Raj, H., Riley, G., and Zegura, E., Bootstrapping in Gunutella: A Measurement Study, *Lecture Notes in Computer Science*, Vol.3015, pp.22-32, *Proceeding of International Workshop on Passive and Active Network Measurement*, 2004.

[207] Bianconi, G., and Barabaási, Competition and multiscaling in evolving networks, *Europhysics Letters*, Vol.54, No.4, pp.436-444, (2001).

[208] Stanford Large Network Dataset, Internet peer-to-peer networks.
http://memetracker.org/data/index.html#p2p

[209] 木村資生, 『生物進化を考える』, 岩波新書 19, 1988.

[210] 太田朋子, 『分子進化のほぼ中立説——偶然と淘汰の進化モデル』, 講談社ブルーバックス, 2009.

[211] Neiman, F.D., Stylistic variation in evolutionary perspective: Inferences from decorative diversity and interassemblage distance in Illinois Woodland ceramic assemblages, *American Antiquity*, Vol.60, No.1, pp.7-36, (1995).

[212] Bentley, R.A., and Shennan, S.J., Cultural transmission and stochastic network growth, *American Antiquity*, Vol.68, No.3, pp.459-485, (2003).

[213] Bentley, R.A., Hahn, M.W., and Shennan, S.J., Random drift and culture change, *Proceedings of the Royal Society B*, Vol.271, pp.1443-1450, (2004).

[214] Mesoudi, A., and Lycett, S.J., Random copying, frequency-dependent copying and culture change, *Evolution and Human Behavior*, Vol.30, pp.41-48, (2009).

[215] Freeman, L.C., A set of measures of centrality based on betweeness, *Sociometry*, Vol. 40, pp.35-41, 1977.

[216] Guimerá, R., Díaz-Guilera, A., Vega-Redondo, F., Cabrales, A., and Arenas, A., Optimal Network Topologies for Local Search with Congestion, *Physical Review Letters*, Vol.89, pp.248701-1-4, (2002).

[217] Ercsy-Ravasz, M., Lichtenwalter, R., Chawla, N.V., and Toroczkai, Z., Range-limited Centrality Measures in Complex Networks, *Physical Review E*, Vol.85, No.6, pp.066103, (2012).

[218] 浅野孝夫,『情報の構造 [下]——ネットワークアルゴリズムとデータ構造』, 日本評論社, 1994.

[219] Brandes, U., A Faster Algorithm for Beteeness Centrality, *Journal of Mathematical Sociology*, Vol.25, (2001).

[220] Ercsy-Ravasz, M., and Toroczkai, Z., Centrality Scaling in Large Networks, *Physical Review Letters*, Vol.105, pp.038701-1-4, (2010).

[221] 杉原厚吉,『データ構造とアルゴリズム』, 共立出版, 2001.

[222] 渡部大輔, 近接グラフ, **オペレーションズリサーチ**, Vol.55, No.1, OR 辞典 Wiki, pp.58-59, 2010.

[223] Freeman, L.C., Borgatti, S.P., and White, D.R., Centrality in valued graphs: A measure of beteeness based on network flow, *Social Networks*, Vol.13, pp.141-154, (1991).

[224] Dolev, S., Elovicl, Y., and Puzis, R., Routing Betweeness Centrality, *Journal of the ACM*, Vol.57, No.4, pp.25:1-27, (2010).

[225] 津田孝夫,『モンテカルロ法とシミュレーション』, 三訂版, 培風館, 2002.

[226] Goh, K.-I., and Kim, D., Universal Behavior of Load Distribution in Scale-free Networks, *Physical Review Letters*, Vol.87, pp.278701-1-4, (2001).

[227] Barthélemy, M., Betweeness centrality in Large Complex Networks, *European Physical Journal B*, Vol.38, No.2, pp 163-168, (2004).

[228] Freeman, L.C., Centrality in Social Networks Conceptual Clarification, *Social Networks*, Vol.1, pp.215-239, (1978/79).

[229] Wasserman, S., and Faust, K., *Social Network Analysis—Methods and Applications—*, Structural Analysis in the Social Sciences 8, Cambridge University Press, 1994.

[230] 安田雪,『実践ネットワーク分析——関係を解く理論と技法』, 新曜社, 2001.

[231] 金光淳,『社会ネットワーク分析の基礎——社会的関係資本論にむけて』, 勁草書房, 2003.

[232] Langville, A.N., and Meyer, C.D. (岩野和生, 黒川利明, 黒川洋 訳),『Google PageRank の数理——最強検索エンジンのランキング手法を求めて』, 共立出版, 2009.

[233] Borgatti, S.P., and Everett, M.G., A Graph-theoretic perspective on centrality, *Social Networks*, Vol.28, pp.466-484, (2006).

[234] Stumpf, M.P.H., Wiuf, C., and May. M., Subnets of scale-free networks are not scale-free: Sampling propoetties of networks, *Proceedings of the National Academy of Science of the U.S.*, Vol.102, No.12, pp.4221-4224, (2005).

[235] Kalisky, T., Cohen, R., ben-Avraham, D., and Havlin, S., Tomography and Stability of Complex Networks, In Ben-Naim, E.B., Frauenfelder, H., and Toroczkai. Z. Eds., *Complex Networks*, Lecture Notes in Physics 650, Springer, 2004.

[236] Stumpf, M.P.H., Wiuf, C., Sampling properties of random graphs: The degree distribution, *Physical Review E*, Vol.72, pp.036118, (2005).

[237] Voltz, E., Tomography of random social networks, arXiv:physics/0509129, 2005.

[238] Kim, S.H., Kim, P.-J., and Jeong, H., Statistical properties of sampled networks, *Physical Review E*, Vol.73, pp.016102, (2006).

[239] Sokolov, I.M., and Eliazar, I.I., Sampling from scale-free networks and the matchmaking paradox, *Physical Review E*, Vol.81, pp.026107, (2010).

[240] 宮川公男，大守隆 編，『ソーシャル・キャピタル——現代経済社会のガバナンスの基礎』，東洋経済新報社，2004.

[241] 野沢慎司 編・監訳，『リーディングス ネットワーク論——家族・コミュニティ・社会関係資本』，勁草書房，2006.

[242] 稲葉陽二，『ソーシャル・キャピタル入門——孤立から絆へ』，中公新書 2138，2011.

[243] 浅野智彦，『趣味縁からはじまる社会参加』，岩波書店，シリーズ若者の気分，2011.

[244] Solnit, R.（高月園子 訳），『災害ユートピア——なぜそのとき特別な共同体が立ち上がるのか』，亜紀書房，2010.

[245] Christakis, C.A., and Fower, J.H.（鬼澤忍 訳），『つながり——社会的ネットワークの驚くべき力』，講談社，2010.

[246] Gritzmann, P., and Brandenberg, R.（石田基広 訳），『最短経路の本——レナのふしぎな数学の旅』，丸善出版，2012.

索 引

■ ア行 ■
アルゴリズム, 23, 133, 138, 144
α-乱歩, 87

一般化 MSQ ネットワーク, 76
移動基地局, 8, 75
インターネット, 10, 12, 45, 113
引用関係, 12, 29

餌探索, 86, 95
遠距離交際, 62

■ カ行 ■
可視化, 22
カスケード故障, 6, 66
河川ネットワーク, 48
加速度成長モデル, 41, 113
カップリング・ダイナミクス, 58, 66
金持ちはより金持ちになる (rich get richer) 法則, 28
頑健性 (robustness), 64, 72
環状迂回路, 65
完全グラフ, 54
Gamma 分布, 83

規則的ネットワーク, 12
業界地図, 1
巨大ハブ, 33, 48
近接ノード, 56, 62, 63, 69

空間充填構造, 50, 67
空間配置, 15, 46, 69
空間分布, 45
クラスター (島領域), 2, 61, 71
クラスタリング係数, 41
Growing random Network (GN) 木モデル, 30, 112
Growing Exponential Network (GEN) モデル, 34, 112

結節点, 126

航空路線網, 11, 28, 45
交通網, 8
行動パターン, 69, 95
コピー操作, 97, 107, 121
コミュニティ, 9, 62, 127, 144
混合累積分布, 85

■ サ行 ■
災害危険度, 9
再帰的麺分割, 69
最小木, 48
最大次数, 39
最大連結成分, 64, 71
最短経路, 127, 146
最適化, 52, 54, 65
最適戦略, 95
サプライチェーン, 62
算額, 67
三角関係, 12, 13
産業技術災害, 10
サンプリング, 43, 144

Sierpinski ネットワーク, 52
自己相似, 73
自己組織化, 10, 18, 24, 57
自己平均的 (self-averaging), 104
次数, 12
指数関数, 35
指数的カットオフ, 32, 71, 92
指数分布, 34, 87, 108
次数分布, 12, 22
自然災害, 8, 10
社会生態学, 22
社会的関係, 2, 126
社会的災害, 10
修正 BA モデル, 47
乗算過程, 42
ショートカット, 12, 61
触媒, 17, 126
人口分布, 42, 59, 74

索引

Pseudofractal SF ネットワーク, 52
Scale-Free (SF) 構造, 12, 13, 54
SF ネットワーク, 13, 134
Stirling の公式, 100, 101
Small-World (SW) モデル, 12, 13

正規分布, 13
脆弱性, 6, 73

早期復旧, 8, 62
相転移, 20, 58, 59, 66
ソーシャル・キャピタル, 145
SNS（ソーシャルネットワーキングサービス), 125
疎密構造, 52, 69

■ タ行 ■
対角変形操作, 70
大規模災害, 9
大規模停電, 7
対数関数, 37
対数正規分布, 42, 71, 80, 92
探索効率, 89, 94
単純系, 20
単純性, 21
タンパク質の相互作用ネットワーク, 97

小さな世界, 11
地下鉄網, 5
知人関係, 11
中心人物, 126
中立説, 121
長距離リンク, 45, 52, 73
地理的制約, 48

通信網, 8
壺モデル, 111, 121

t-spanner 性, 75, 92
Descartes の円定理, 50, 67
適応度 (fitness), 41, 120
鉄道網, 11
Delay/Disruption Tolerant Network (DTN), 94
Duplication-Divergence (D-D) モデル, 97, 109
電力網, 5, 8, 10

淘汰原理, 57
道路網, 11, 45, 65, 78, 93, 113, 134
特異性 (singularity), 103

独占状態, 33
都市開発, 9
都市空間, 66
突然変異 (mutation), 101, 121
Delaunay 三角形 (DT), 70
Delaunay 風 SF (DLSF) ネットワーク, 70
貪欲ルーティング, 59, 66

■ ナ行 ■
二部グラフ, 102
人間関係, 1

ネットワーク科学, 11, 22
ネットワーク構造, 3
粘菌, 57, 66

ノード（頂点）, 1

■ ハ行 ■
媒介中心性, 127
幅優先探索, 131
ハブ, 12, 31, 58
ハブ攻撃, 14, 71, 119
Barabási-Albert (BA) モデル, 28, 47, 134

P2P システム, 119, 122
東日本大震災, 8

負荷分散, 15, 69
複合災害, 10
複雑系 (Complex System), 20
複雑性 (Complexity), 20
複写 (duplication), 97, 102, 109
部分構造, 106, 107, 118
Brown 運動, 87, 95
フラクタル, 13, 21, 50, 87, 94
文化的変化, 121
分権型組織, 16, 66, 145
分散協調ルーティング, 94
分散システム, 15
分散処理, 16, 134
分散ルーティング, 66, 94

平均次数, 40
平面グラフ, 56, 63, 75
べき乗則, 13
べき乗分布, 13, 28, 32, 42, 51, 71, 87

Poisson 分布, 13, 69, 82
星型ネットワーク, 33, 54, 56
ホップ数, 13, 53, 128

■ マ行 ■

マルコフ連鎖, 81, 111
Multi-Scale Quatered (MSQ) ネットワーク, 62, 73

無限粒子系のモデル, 82
無線通信網, 8, 50, 66

メガシティ化, 9
面積分布, 78, 80

模倣の原理, 118
モンテカルロ法, 141

■ ユ行 ■

優先的選択, 28, 31, 104, 115
輸送網, 5
Unit Disc Graph (UDG), 58

■ ラ行 ■

ランダム Apollonian (RA) ネットワーク, 50, 62
ランダム木, 53
ランダムグラフ（ランダムネットワーク）, 11, 12, 58
Random Geometric Graphs, 134
Random drift モデル, 121
乱歩, 79, 87, 94

利己性, 31, 69, 112
リンク（辺）, 1

ルーティング中心性, 139, 144

レート方程式, 107, 109
Lévy 飛行, 86, 95
連鎖的被害, 6

■ ワ行 ■

World-Wide-Web (WWW), 12, 29

■著者略歴

林 幸雄（はやし ゆきお）
1987 年　豊橋技術科学大学大学院電気電子工学専攻修士課程修了
　　　　博士（工学）
1987 年　富士ゼロックス（株）システム技術研究所
1991 年　ATR 視聴覚機構研究所　人間情報通信研究所（出向）
2003 年　文部科学省研究振興局学術調査官（併任）
2008 年　科学技術振興機構　さきがけ「知の創生と情報社会」領域アドバイザー（併任）
現在　　北陸先端科学技術大学院大学知識科学研究科准教授
　　　　著書に「ネットワーク科学の道具箱（近代科学社）共著」、「噂の拡がり方（化学同人）」がある。

自己組織化する複雑ネットワーク
―空間上の次世代ネットワークデザイン―

©2014　Yukio Hayashi
Printed in Japan

2014 年 5 月 31 日　　初版第 1 刷発行

著　者　林　　　幸　雄
発行者　小　山　　　透
発行所　株式会社 近代科学社
〒 162-0843　東京都新宿区市谷田町 2-7-15
電話 03-3260-6161　　振替 00160-5-7625
http://www.kindaikagaku.co.jp

加藤文明社　　ISBN 978-4-7649-0460-6
定価はカバーに表示してあります。